宏观核算与实证分析

中国农村危房改造政策效应研究

杜治秀　杜金柱 / 著

Study on the Policy Effect of Rural
Dilapidated Housing renovation in

CHINA

Macro Accounting and Empirical Analysis

北京大学出版社
PEKING UNIVERSITY PRESS

图书在版编目(CIP)数据

中国农村危房改造政策效应研究：宏观核算与实证分析/杜治秀，杜金柱
著. —北京：北京大学出版社，2020.9
ISBN 978 - 7 - 301 - 31810 - 2

Ⅰ.①中…　Ⅱ.①杜…　②杜…　Ⅲ.①农村住宅—旧房改造—研究—中国
Ⅳ.①TU241.4

中国版本图书馆 CIP 数据核字（2020）第 214365 号

书　　　　名	中国农村危房改造政策效应研究：宏观核算与实证分析 ZHONGGUO NONGCUN WEIFANG GAIZAO ZHENGCE XIAOYING YANJIU: HONGGUAN HESUAN YU SHIZHENG FENXI
著作责任者	杜治秀　杜金柱　著
策划编辑	王显超
责任编辑	王显超　李娉婷
标准书号	ISBN 978 - 7 - 301 - 31810 - 2
出版发行	北京大学出版社
地　　　　址	北京市海淀区成府路 205 号　100871
网　　　　址	http://www.pup.cn　新浪微博:@北京大学出版社
电子信箱	pup_6@163.com
电　　　　话	邮购部 010 - 62752015　发行部 010 - 62750672　编辑部 010 - 62750667
印刷者	三河市北燕印装有限公司
经销者	新华书店
	730 毫米×1020 毫米　16 开本　13 印张　187 千字　2 插页
	2020 年 9 月第 1 版　2020 年 9 月第 1 次印刷
定　　　　价	58.00 元

前　　言

"居者有其屋"是千百年来人们最关心的问题之一，"房子是用来住的，不是用来炒的"，加快建立多主体供给、多渠道保障、租购并举的住房制度，让全体人民住有所居，这是中国共产党第十九次全国代表大会报告中关于住房问题的掷地有声的表述。"住有所居"是城乡居民的共同愿望。住房既是商品，又是民生保障品。"房住不炒"这一提法，内涵深刻，从百姓最关心最切身的民生利益出发，从不同群体住房需求出发，从虚拟经济的根本是为实体经济发展服务的角度出发，既有民生保障，又体现了经济发展的平衡性，更具象性地诠释着经济高质量发展的内涵。农村危房改造着眼于保障民生、改善农村困难户的生活居住环境，是推进农村社会经济高质量发展的重要举措，是高质量、高标准打赢脱贫攻坚战、补齐脱贫退出短板的重要基础。因此，研究农村危房改造的增长和福利效应具有重要的理论和现实意义。

本书以此为出发点，首先，采用大数据爬虫技术爬取各省农村危房改造实践的具体成果，梳理了部分省市县村的具体村民危房改造情况。其次，在分析农村危房改造现状基础上，设计了基于全国层面的农村危房改造社会核算矩阵结构框架和账户，编制完成了中国农村危房改造社会核算矩阵；并基于此矩阵，采用社会核算矩阵的乘数分析模型和结构化路径分析模型，从危房改造财政补贴和农户贷款两方面对危房改造的政策效应进行了详细分析。再次，为了进一步详细分析地区农村危房改造政策的作用，编制了区域间社会核算矩阵。以国民账户体系为标准，借鉴国务院发展研究中心和美国等发达国家多区域社会核算矩阵编制经验，从党中央实施农村危房改造的目的和相关文件出发，编制中国四地区社会核算矩阵，并探讨了若干种社会核算矩阵平衡与更新方法的优劣。复次，在已编制的四地区农村危房改造社会核算矩阵基础之上，构建关联路径分析模型，从对产业部门、居民部门的绝对收入、相对收入和价格影响等角度，全面分析了财政转移支付即农村危房改造财政补助金的通过农户账户和通过危房改造产业账户而产生的收入分配效应。最后，为全面刻画农村危房改造的增长和福利传导机制，以中国四地区社会核算矩阵为基础构建多区域动态 CGE 模型，详细深刻分析农村危房改造的

"自筹为主，补贴为辅"的政策对经济增长及居民和社会福利的影响。

总体来看，本书有以下突出的特色。

第一，前沿性。本书文献资料丰富，提供了中国农村危房改造政策效应的前沿视角，理论研究和实践研究具有一定的创新性。

第二，全面性与综合性。本书通过编制全国和分区域的农村危房改造社会核算矩阵，以社会核算矩阵自身及以其为基础构建可递归动态 CGE 模型来分析住房制度改革的补短板效应传导机制及力度，考查农村危房改造政策实施前后的对比情况，经济增长与民生福利效应、农村与城市和地区间对比情况，能够为中国农村的住房政策、住房制度改革提供参考。

第三，新颖性。本书研究框架新，其中涉及了多处农村危房改造政策效应研究的空白。例如将农村危房改造作为一个产业置于国民经济核算框架中进行核算，并研究其对经济发展和民生福利的影响机制等。

第四，图表丰富。本书使用了大量的图和表来说明问题。

总之，本书构建了农村危房改造政策效应核算与分析的系统框架，书中讨论的问题，有的在国内已有研究，但为数不多，故本书具有一定的学术价值。

本书是在国家社会科学基金项目《农村危房改造的增长和福利效应的大数据动态 SAM 分析》的研究过程中完成的。在此，编者对在课题研究过程中咨询过的专家（清华大学中国经济社会数据研究中心主任许宪春教授、中国人民大学统计学院赵彦云教授、北方工业大学经济管理学院吴振信教授）表示衷心感谢！

由于编者水平有限，书中若存在不妥之处，殷切希望读者给予批评指正！

编　者
2020 年 9 月

目　　录

第1章 绪 论

1.1 问题的提出

房地产业是国民经济的支柱产业之一，关乎国计民生和社会的长治久安。世界各国都把住房问题放到非常重要的战略地位，因地制宜制定和实施相应的住房政策，引导房地产业发展，调整住房分配关系，比较公平地解决住房问题。住房制度改革是经济体制改革的重要内容之一，是提高社会福利水平的重要途径之一。中国是一个"家本位"的社会，住房是"家"的实体，住房问题是中国老百姓以及国际组织最为关注的社会热点问题之一。同时，中国的住房制度改革也是曲折、艰难和备受争议的。

1. 农村住房制度改革历程

农村住房作为中国住房体系的一部分，对整体住房水平的发展起着至关重要的作用。农村住房制度以宅基地供给制度和住房产权制度为核心，由住房用地供应制度、住房建设制度及住房产权制度构成。其基本特点是"一供、二权、三非、四自"。"一供"是指政府规定一户农民可获得一处住房用地（宅基地）；"二权"是指居民拥有自己住宅的财产权和住宅用地（宅基地）的使用权；"三非"是指住宅用地（宅基地）所有权属集体而非农户，住宅非商品不可以出售出租，住宅非抵押质押品；"四自"是指农户的住房由农户自筹资金、自己建造、供自家居住、自己负责维护管理。这一制度自中华人民共和国成立之初就已确定，至今没变。农民拥有宅基地使用权和房屋所有权，但现实中农民只能掌握部分权能，无法流转给集体经济组织之外的主体。

中国农村住房问题是一个十分复杂的问题，也是一个关乎国家生存和发展的重大问题，住房制度对于解决住房问题起着基础性和决定性的作用。由于历史发展原因，自中华人民共和国成立之后，中国经济在很长一段时间内是二元经济结构。作为整个经济制度体系的子系统，与其他子系统一样，城乡住房制度也是二元的。

住房制度由住宅用地供给制度、住房供给制度、住房建设制度、住房金融与税收制度、住房管理制度和住房福利制度等内容构成。根据不同的经济、政治和意识形态观念，特定社会及其内部的住房制度也会不同。中华人民共和国成立以来，中国农村住房制度主要包括农村住房产权制度、农村宅基地制度和农村土地有偿征用制度、村庄内农户自用自建或委托建造的非规范性建房制度、国家与市场对农户建房的金融与税收的非介入方式以及针对"五保户"的农村住房福利制度。其中，占有重要地位的是农村住房产权制度和农村宅基地制度，它决定了农村住房制度的主要特点。中华人民共和国成立之后，经济社会在不断地向前发展，农村土地经历了农民私人所有和农民集体所有两个发展阶段。相应的农村宅基地也经历了从农民私人所有到农民集体所有的历史性变化。

第一阶段（1950—1962 年），土地宅基地的农民私人所有阶段。1950 年 6 月《中华人民共和国土地改革法》颁布实施，农民有了属于自己的土地，县政府在给农民颁发的《土地房产所有证》中规定："农民土地房产为本户（本人）私有产业，耕种、居住、典卖转让、赠与、出租等完全自由，任何人不得侵犯。"可见，这一时期农民既享有宅基地所有权，同时也享有房屋产权。

第二阶段（1962—1990 年），农村土地宅基地的农民集体所有阶段。马克思、恩格斯等的共产主义（社会主义）社会改造学说，明确反对工人阶级拥有自己的个人资产，尤其包括住房。中华人民共和国成立初期在意识形态上采纳的是马克思、恩格斯的社会主义改造学说，因此住房制度也不免受其影响。1962 年《农村人民公社工作条例修正草案》规定，宅基地归生产队所有，且一律不准出租和买卖，禁止宅基地流转。农村居民自己的房屋归农民自己私有，通过一定的形式和途径可以自由买卖和出租。1963年 3 月《中共中央关于各地对社员宅基地问题作一些补充规定的通知》规定，农民的宅基地、房屋所有权分离，形成了中国现在的"一宅两制"的状况。这一制度先后被 1982 年《中华人民共和国宪法》和 1986 年《中华人民共和国土地管理法》确认。

第三阶段（1990—1993 年），农村土地宅基地有偿使用阶段。1990年《国务院批转国家土地管理局关于加强农村宅基地管理工作请示的通知》，要求进行农村宅基地有偿使用试点，强化自我约束机制。国务院批准该通知后，除少数边远、贫困地区外，各地普遍开展了宅基地有偿使用的试点。

第四阶段（1993 年至今），农村土地宅基地福利使用阶段。1993 年《关于涉及农民负担项目审核处理意见的通知》，明令禁止农村宅基地有偿使用费收取。这一阶段的特点是，农村宅基地属于福利性质，相当于划拨土地使用权。这种普惠式的具有保障性质的住房制度，保证了农村社会稳定，实现了人人享有住房。改革开放后，农民的收入不断提高，农民的建房能力和热情相应大幅提高，中国农民经历了四次建房浪潮。20 世纪 80 年代，土坯房变砖瓦房；20 世纪 90 年代，砖瓦房变砖混结构房；21 世纪初，砖混结构房变楼房；2010 年起楼房变城镇住房。

经过农村住房制度的四阶段改革，住房面貌发生了翻天覆地的变化，但随着改革开放的推进，也涌现出了新的问题。随着改革开放，农村劳动力大批量涌向城市，农村出现了大量的"空心房"和荒废的耕地，土地资源浪费极为严重，甚至还有些地区农民住房条件很差或者缺乏相应的住房保障制度。基于此现象，农村住房制度改革从"试点单位"形式和保障性住房两方面推进。

2007 年，浙江宁波推广农村住房制度改革政策。2008 年，四川成都成立了全国首个农村产权流转担保公司，打通了农村住房的流转通道；安徽宣城、淮南、合肥等地进行农村住房产权登记制度改革，在明晰农村房屋产权之后，允许农村住房交易和进入银行抵押贷款等。2009年，浙江嘉兴、义乌成立"两分两换"改革试点，即把宅基地和承包地分开，搬迁和土地流转分开，以宅基地置换城镇房产，以土地承包经营权置换社会保障。

住房改革政策方面，2013年11月中国共产党十八届三中全会《中共中央关于全面深化改革若干重大问题的决定》提出，要"改革完善农村宅基地制度，选择若干试点，慎重稳妥推进农民住房财产权抵押、担保、转让，探索农民增加财产性收入渠道"。2014年12月中国共产党中央委员会办公厅和中华人民共和国国务院办公厅联合印发《关于农村土地征收、集体经营性建设用地入市、宅基地制度改革试点工作的意见》。2015年2月，十二届全国人大常委会第十三次会议通过表决，授权国务院在北京市大兴区等33个试点县（市、区）暂时调整实施《土地管理法》等条款，推进"三块地"改革试点，在2017年12月31日前试行。2015年3月，国土资源部在全国选取15个试点县（市、区）开展宅基地制度改革试点。2016年《中共中央国务院关于稳步推进农村集体产权制度改革的意见》印发，对推进改革进行了顶层设计和总体部署。2017年11月，中央全面深化改革领导小组会议审核通过《关于拓展农村宅基地制度改革试点的请示》，将试点拓展到33个农村土地制度改革试点地区。2018年，中央1号文件《中共中央国务院关于实施乡村振兴战略的意见》指出，深化农村土地制度改革，探索宅基地所有权、资格权、使用权"三权分置"，落实宅基地集体所有权，保障宅基地农户资格权和农民房屋财产权，适度放活宅基地和农民房屋使用权。

关于农村保障性住房方面，2009年5月发出《国土资源部关于切实落实保障性安居工程用地的通知》，提到了农村危房改造事宜。中华人民共和国住房和城乡建设部、财政部在2009年指出，中央扩大农村危房改造试点，完成陆地边境县、西部地区民族自治地方的县、国家扶贫开发工作重点县、贵州省全部县和新疆生产建设兵团边境一线团场约 80 万农村贫困户的危房改造。从 2008 年农村危房改造贵州的试点推广到目前全国范围的农村危房改造，为农村低收入户等提供了住房保障。

2. 危房改造的民生思想

谭培文（2008）在研究马克思主义民生思想中指出，在马克思主义的经典文献中，没有关于中国特色的民生概念的直接表述，但是马克思主义是一个包含了丰富而深刻的科学社会主义民生思想的理论宝库。民生问题，即有关国民生计与生活、生存和发展等广大人民群众的根本利益问题。马克思主义民生思想就是有关现实的个人的生计与生活、生存和发展的基本原理。民生问题是历史唯物主义的前提和出发点。

万国威（2017）回顾了孙中山民生福祉理念指出，早期孙中山将民生福祉目标设计为"我民幼有所教，老有所养，分业操作，各得其所"。孙中山早期的民生福祉理念带有中国社会传统公益抚恤观的痕迹，其政策主张不但以保护弱势群体为主，且昭示出典型的自上而下的政治关怀。孙中山自 1919 年开始利用先进的制度保障方式来推动民生福祉，在原有保障体系的基础上以劳动保障、社会保险、职工福利、医疗保障、养老保障为代表的一系列新型社会保障制度开始逐步出现，使得原有的民生福祉理念开始变得更为丰富和多元。

陈丽华（2017）指出，毛泽东的民生思想继承了我国传统的以民为本思想，运用马克思主义唯物史观的基本原理，应用于中国共产党领导的中国革命和建设事业中。毛泽东提出"全心全意为人民服务"作为改善民生的思想保证。他指出，国家独立、人民解放是解决民生问题的前提；发展经济、保障供给则是改善民生的基本途径和内容；同时又提出，发展文化教育、医疗卫生事业和建立社会保障体系等作为民生工作的重要内容；而实现人的自由而全面发展则是最高追求。这一历史时期的民生理论不仅继承而且超越了中国传统的"民本思想"，同时发展了马克思主义的唯物史观，形成了独具中国特色的民生思想。

邓小平民生思想是马克思主义中国化的产物，是对马克思主义民生理论的继承和发展，内容丰富、内涵深刻。在马克思主义的指导下，邓小平提出了民生建设的"三步走"战略：第一步要解决人民温饱问题，第二步要使人民生活达到小康水平，第三步要让人民的生活水平比较富裕。邓小平"三步走"的战略目标体现了关注民生的精神，步步都包含实现民生的具体目标。主要从四方面加强建设：发展教育和加强教育质量；广开就业门路促进就业；逐步实现住房商品化，切实改善城镇住房条件，充分解决人民群众的住房条件；着力维护社会稳定。

江泽民提出的"三个代表"重要思想中指出，中国共产党要代表最广大人民的根本利益，始终坚持把人民的根本利益作为出发点和归宿，要实现好、维护好和发展好最广大人民的根本利益。"三个代表"重要思想关注的仍然是民生的根本问题。江泽民提出就业是民生之本，确立市场导向的就业机制，"两个确保"和"三条保障线"得到较好落实，有利于中国特色社会保障体系的确立。

胡锦涛在报告中明确提出："社会建设与人民幸福安康息息相关。必须在经济发展的基础上，更加注重社会建设，着力保障和改善民生，推进社会体制改革，扩大公共服务，完善社会管理，促进社会公平正义，努力使全体人民学有所教、劳有所得、病有所医、老有所养、住有所居。"张敏等（2009）指出，"权为民所用、情为民所系、利为民所谋"的"三为民"思想，成为胡锦涛民生思想的核心内容，其基本内涵表现在以下三个方面：坚持"权为民所用"，树立正确的权力观；坚持"情为民所系"，树立正确的地位观；坚持"利为民所谋"，树立正确的利益观。

中国共产党第十八次全国代表大会以来，以习近平同志为核心的党中央把"人民对美好生活的向往"作为奋斗目标，不断加大民生投入力度，着力提高民生保障水平，作出"抓民生也是抓发展"的科学论断，坚持以人民为中心的发展思想，把以人民为中心的发展思想付诸造福人民的生动实践。坚持植根于人民，坚持党的群众路线，牢固树立群众观点，充分体现了其民生观的丰富内容。中国共产党第十九次全国代表大会报告郑重提出"房住不炒"战略，通过多主体供给、多渠道保障、租购并举等方式，加快实现全体人民住有所居的愿望。

1.2　研　究　意　义

1.2.1　现实意义

房地产业是国家支柱产业之一，是国家经济环节中的一个不容忽视的齿轮，也是影响人们生活点滴的要素，涉及"住"这一重要的民生话题。"居者有其屋"是千百年来人们最关心的问题，"房子是用来住的，不是用来炒的"，加快建立多主体供给、多渠道保障、租购并举的住房制度，让全体人民住有所居，中国共产党第十九次全国代表大会报告中关于住房问题掷地有声地表述。"住有所居"是城乡居民的共同愿望。住房既是商品，也是民生保障品。习近平同志指出，总有一部分群众由于劳动技能不适应、就业不充分、收入水平低等原因而面临住房困难，政府必须"补好位"，为困难群众提供基本住房保障。国务院 2018 年印发的《"十三五"推进基本公共服务均等化规划》，对住房保障提出的要求：到 2020 年，城镇棚户区改造住房累计达到 2000 万套；建档立卡贫困户、低保户、农村分散供养特困人员、贫困残疾人家庭这 4 类重点对象农村危房改造达到 585 万户。2018 年 3 月 5 日"两会"（第十三届全国人民代表大会第一次会议和中国人民政治协商会议第十三届委员会第一次会议），李克强指出更好解决群众住房问题，如启动新的三年棚改攻坚计划，当年开工 580 万套；加快建立多主体供给、多渠道保障、租购并举的住房制度，让广大人民群众早日实现安居宜居。

综观习近平、李克强讲话，无一不是紧紧围绕高质量发展这一时代主题，着眼于民生改善，以此解决诸多领域的发展不平衡及不充分问题。

"房住不炒"这一提法，内涵深刻，从百姓最关心最切身的民生利益出发，从不同群体住房需求出发，从虚拟经济的根本是为实体经济发展服务的角度出发，既有民生保障又能体现经济发展的平衡性，更具象性地诠释着高质量发展的内涵。农村危房改造着眼于保障民生、改善农村困难户的生活居住环境，是推进农村社会经济高质量发展的重要举措，是高质量、高标准打赢脱贫攻坚战、补齐脱贫退出短板的重要基础，具有全面深远的重大意义。

本书采用国民经济核算的方法清晰地绘制农村危房改造带来的经济增长和福利效应的动态数字图像，同时从满足人民美好生活需求出发，考虑不同地区、不同农村危房等级户的住房需求，构建系列国民核算账户，从危房改造界定为行业的层面，从危房改造建造到完工农户安全入住等不同层面核算农村危房改造相关的各种流量与存量，全面详细考察其经济增长和福利效应，为中国农村住房改革及中国住房制度改革提供参考，具有非常重大的现实意义。

1.2.2 理论意义

本书通过采取跨学科研究视角，主要采取国民经济核算理论、统计测度理论、宏观经济理论、计量经济学理论、系统科学理论等学科理论与方法，进行科学、系统、全方位的研究，研究视角如下。

（1）从国家"房住不炒"战略定位的视角。政府必须"补好位"，为困难群众提供基本住房保障，是习近平关于住房保障问题的重要论述之一。农村危房改造是国家"房住不炒"战略中，帮助住房最危险、经济最贫困农户解决最基本的住房安全，以建档立卡贫困户、低保户、农村分散供养特困人员和贫困残疾人家庭这四类为重点对象，切实提高贫困人口的获得感和幸福感的重要举措。

（2）从多维度视角。考虑不同地区、不同农村房屋鉴定等级户的住房需求，从危房改造带动的各种维度（如东部地区、西部地区、中部地区等，城乡间，经济与民生，实体经济与虚拟经济）出发，全面详细分析危房改造的促增长和惠民生效应。从不同角度，通过住房核算中的各种流量、存量变化，全方位清楚地展现危房改造的纵向发展脉络，不同时期的经济增长效应和为不同阶层带来的动态福利效应，不同时期社会总体的动态福利效应。同时能够清晰地呈现农村危房改造政策实施的某一时期，危房改造在国民经济中的横向运行脉络，具象化呈现"住有所居、住有所安"，切实保障农户住进"暖心居"的民生工程。

（3）从动态发展的视角。本书研究农村危房改造的增长和福利效应。危房改造是一个动态的过程，仅用单一的、静态的指标去测度危房改造的增长和福利效应，不足以全面反映动态性。从满足人民美好生活需求出发，采用若干指标，从不同方面考察增长和福利效应，具有一定的积极意义。此外，危房改造的福利效应评估方面，动态可计算一般均衡（Computable General Equilibrium，CGE）模型可从非线性角度进一步考察危房改造的福利效应的传导情况，分析农村危房改造的补短板效应传导机制及力度，考查农村危房改造前后对比情况，经济增长与民生福利的平衡充分性，农村与城市的平衡充分性，以及地区间的平衡充分性及调整力度。

（4）从国民经济核算视角。宏观核算账户能够将国民经济这个大体系中存在的不同子体系连接起来，充分明确地展现出整个经济体系，构造危房改造国民账户体系和矩阵表，以系统表述整个国民经济的运行过程和存量条件，全面完整地展现农村危房改造在国民经济中的运行脉络。房地产业是国民经济的支柱产业之一，农村危房改造是打赢脱贫攻坚战，到村到户到人精准帮扶的重要举措。通过国民经济核算体系（System of National Accounts，SNA）中心账户清晰地绘制农村住房在国民经济的数字图像，通过农村危房核算中的各种流量、存量变化描绘其在国民经济中的运行脉络。但相关流量却分散在各账户之中且隐藏在各机构部门之下，故构建住房卫星账户，将住房核算的相关流量凸显出来。社会核算矩阵（Social Accounting Matrix，SAM）是用矩阵形式表示的简化而完整的国民经济核算体系，通过对国民经济核算体系中经济运行的各个环节关键账户的有序整合显示，详细清晰地绘制农村危房改造在"房住不炒、全民安居"中的全方位的数字工程图像，为宏观经济政策研究提供综合的宏观经济数据框架。

1.3　文　献　综　述

2008 年席卷全球的美国次贷危机，使得美国、欧盟等经济体陷入衰退，对中国经济的影响也不容忽视，中国总体经济面临下行压力、总体经济增长速度放缓。为应对国际经济环境对中国的不利影响，温家宝于 2008 年 11 月主持召开国务院常务会议，之后中国政府出台了"4 万亿投资"的大规模经济刺激计划。这一计划具体包括促进经济增长的十项措施，农村危房改造试点工程也包括在内。2008 年，中央首先花费 2 亿元资金支持贵州省级危房改造试点。2008—2010 年，中央财政 3 年共安排 117 亿元补助资金，帮助试点地区完成约 204 万农村困难家庭的危房改造。无论是政策方面还是专家学者研究方面，住房问题一直是一个非常重要的问题。住房翻修、改造作为解决住房问题的一种方式，历来受政府、专家学者的重视。

加拿大新斯科舍省官方统计数据显示，2000 年新斯科舍省的房屋改造支出为 6.57 亿美元，占住宅建筑行业总支出的一半以上。此外，翻修行业的很大一部分是地下经济，房屋翻修对经济的实际贡献要大得多。魁北克住房产业不仅包括建造优质住房，而且还包括保持原有住房质量的翻修和维修活动。目前这个行业正经历着从建造新住房到翻修现有住房的转变。事实上，虽然新建住宅的数量大幅下降，但 30 多年来住宅装修需求一直稳步增长，现已超过新建住宅的需求。翻修需求的增长不是一个短暂的现象，特别是在魁北克的现有住房日益老化的情况下。由于人口也在老化，新住户的形成速度不快，所需的新住房数量将仍然很低。Corder et al.（2008）研究住房投资对英国经济的影响表明，住宅投资（包括房屋建造和住宅翻修、改造）对英国国内生产总值（Gross Domestic Product，GDP）的贡献很大。2002—2007 年，现有住房的改善（定义为重大翻修或改造）占住房总量的百分比有所增加，但低于新住房的增加。Dunning 研究探讨了加拿大翻新、改建和维修活动对经济的影响，结果表明，2006—2009 年住宅翻修活动每年在建筑业创造 250000 多个就业机会，在其他行业创造 210000 多个间接就业机会。Grist（2010）指出住房在美国经济增长中发挥着重要作用，通过住宅建设（住宅固定投资）和为现有住房提供的服务（个人消费支出）提高了 GDP。Frick et al.（2010）研究了比利时、德国、希腊、意大利和英国 5 个欧洲国家的住房保障政策，结果表明住房保障政策能降低收入不平等程度。

1931 年，建筑学专家梁思成开始研究中国传统建筑修复的相关理论和实践。在山东曲阜的孔庙修葺计划中，他第一次创造性地提出了"修旧如旧"的传统建筑修复理论。近年来，学术界对农村危房改造的研究逐渐增多，陆嘉（2006）通过对北京、上海等地已经实施或正在实施的农村居民点改造策略进行分析和总结，提出了新型农村居民点改造实施的策略。仇保兴（2009）提出了农村危房改造及试点工作开展应坚持的五项基本原则及四项措施，深入全面地阐述了农村危房改造工作从政策引导、资金配套以及具体实施等方面应坚持的原则和应注意的事项。朱明芬（2011）从绩效评价的角度分析了针对农村困难家庭的危房改造政策。高宜程（2012）分析了我国农村危房改造工作的基本政策和主要做法。向小玉（2014）以西部地区为例分析了危房改造政策的产生过程，使用因子分析原理研究了危房改造的影响因素。张剑等（2016）通过对山东、河南两省"十三五"期间农村危房改造扶贫的督导核查与调研结果，系统分析了农村危房改造中存在的主要问题，剖析原因，并提出相应的政策建议。郑泽萍等（2019）对肇庆市在精准扶贫视域下的农村危房改造进行了研究，提出了精准聚焦筹资困难问题等政策建议。

纵观世界各国的发展历史，房地产业是国民经济的重要组成部分。将房屋改造置于国民经济循环框架中研究，具有一定的积极意义。关于国民经济核算研究问题方法方面，不少学者采用社会核算矩阵及以此为基础的 CGE 模型进行研究。

学术界公认的世界上第一个严格意义的社会核算矩阵是由 Stone 教授和他的研究团队在 20 世纪 60 年代建立的英国社会核算矩阵，对英国多部门经济模型提供了重要的数据基础。1993 年国民经济核算体系在对 1968 年国民经济核算体系加以补充和修订的基础上，首次对社会核算矩阵的核算方法进行了系统的论述。2008 年，国民经济核算体系中有关社会核算矩阵的表述为："通常意义上大家理解的社会核算矩阵，是在保持资金流量来源和使用平衡的前提下，通过引入现有流量的替代分解或者新型流量来进行扩展和细化的社会核算矩阵。"社会核算矩阵是用矩阵形式表示的一个简化而完整的国民经济核算体系，它依据经济流量循环过程，通过对国民经济核算体系中经济运行各个环节关键账户的有序整合显示，构成了一个综合的宏观经济数据框架。

基于社会核算矩阵的经济结构静态分析和乘数分析是早期社会核算矩阵应用中最为繁荣的领域，Pyatt et al.（1979）、Tarp et al.（2002）、Round（2003）等使用了不同国家社会核算矩阵进行相应的乘数分析。Blancas et al.（2006）、Thaiprasert（2004）利用社会核算矩阵乘数分析部门间的联动效应等。国际劳工组织（International Labour Office，ILO）在 2010 年公布了印度尼西亚动态社会核算矩阵报告。Crapuchettes et al.（2016）详细研究了多边社会核算矩阵建模。中国社会核算矩阵的编制和应用始于 20 世纪 90 年代中期，最早的社会核算矩阵是国务院发展研究中心发展战略和区域经济研究部（1996）编制的中国 1987 年社会核算矩阵。翟凡等（1996）基于中国 1997 年的投入产出表建立了中国 1997 年社会核算矩阵，并采用静态模型研究了关税减让和国内税替代政策对社会经济产生的影响。张晓芳等（2011）基于中国 2007 年社会核算矩阵表，采用乘数模型对中国的收入分配和再分配结构进行分析。马克卫（2012）研究了中国社会核算矩阵序列表的编制，推算了中国社会核算矩阵静态推算模型和社会核算矩阵动态推算模型，并进行了相应的分析。

CGE 模型最早可追溯到 20 世纪 60 年代，雏形见于 Johansen 研究挪威经济时构建的多部门模型，20 世纪 70 年代中期后获得了长足的发展。从理论源头上讲，CGE 模型理论始于 1874 年 Walras 的《纯粹政治经济学纲要》中构建的统一理论模型体系。其后，Pareto、Hicks、Sherman、Samuelson、Aro 等经济学家在 Walras 一般均衡模型的基础上，研究了均衡的存在性、唯一性、最优性和稳定性，1959 年 Debreu 等提出了一个完整的一般均衡理论体系。一般均衡模型不仅包含经济变量之间的相互关联和反馈效应，还包含收入效应和替代效应。由于模型求解是个难题，因此该模型在理论上的优势并没有得到实际应用的体现。在现有的 CGE 模型中，1960 年 Johansen 研究的 CGE 模型被认为是第一个 CGE 模型，因他使用了对数线性化的处理方法，故也称 Johansen 的对数线性化比较静态的多部门增长模型，这一模型后来被挪威和澳大利亚政府规划时采用。其中，比较有代表性的是澳大利亚 IMPACT 项目的 CGE 政策分析组。由于模型求解困难，在 Johansen 提出 CGE 模型之后，CGE 模型陷入了相当长一段时间的沉寂。直到 1967 年，Scarf 发现一种计算不动点的整体收敛算法，使得 Arrow 和 Debreu 等经济学家关于一般均衡模型的纯理论工作与 CGE 模型应用之间有了最为直接的联系，为模型求解奠定了基础。

Dervis et al.（1981）指出 CGE 模型提供了一种将社会核算矩阵转换为经济模型的方法，这种模型除社会核算矩阵本身的数据外不需要额外的数据。最初的 CGE 模型为静态 CGE 模型。随着实践的发展，为了使模型能更好地描述经济现实，在静态 CGE 模型的基础上引入了时间因素，静态 CGE 模型进一步发展为动态 CGE 模型。Cohen（1995）研究了社会核算矩阵与静态 CGE 模型和动态 CGE 模型的关系。随着经济社会的进一步发展，各地区之间关系越来越密切，于是出现了考虑空间因素的 CGE 模型。Bröcker（1998）介绍了可操作的空间 CGE 建模。Sundberg（2010）构建了静态空间 CGE 模型，量化区域福利对区域生产和贸易的影响；构建了动态空间 CGE 模型，考察时间对于福利政策使经济收敛于长期均衡状态的重要性。Hansen（2010）为挪威提出了一种新的空间 CGE 模型。Keast（2010）建立了一个西南地区住房市场的双区域 CGE 模型。Bröcker et al.（2013）考察了包含动态预期的空间 CGE 模型。CGE 模型考虑随机性方面，Kim（2004）探讨了将最优控制模型与动态 CGE 模型相结合的模型。Sassia et al.（2013）基于随机方法和 CGE 模型的综合方法实证研究了降雨模式对苏丹粮食市场和粮食安全的影响。

随着 CGE 模型的应用发展，其理论框架也有了新的拓展。吴福象等（2014）阐述了 CGE 模型研究的四种分类：一是新古典模型，这是在传统的新古典理论基础上构建的 CGE 模型，主要有 Johansen（1960）的挪威模型和 Taylor et al.（1974）的智利模型等；二是弹性结构模型，以新古典理论为基础，但在加入替代弹性等参数之后，则以 Dervis et al.（1981）的土耳其模型为代表；三是微观结构模型，这类模型通常假定存在市场失灵现象，如要素流动限制、价格刚性及配额政策等，主要有 Robinson et al.（1985）的南斯拉夫模型；四是宏观结构模型，这类模型用来研究一些宏观变量的平衡问题，如投资与储蓄、政府财政收入与支出、出口与进口等，这类模型研究的代表性人物主要有 Dewatripont et al.（1985）。

综观国内外关于危房改造的问题，从政策解读、工作方法、政策实施效果及存在问题、影响因素、危房规模和危房率等方面进行分析的较多，对危房改造的资金以贫困农民自筹为主、国家财政补贴为辅的政策在国民经济中的传导机制的研究还不多。按照中央"保增长、保民生、保稳定"的战略部署，中华人民共和国住房与城乡建设部、国家发展改革委员会、财政部从 2008 年起组织实施农村危房改造试点工作，帮助住房最危险、经济最贫困的农户解决最基本的安全住房问题。这是中华人民共和国成立以来第一次对农村住房的大规模补助政策，对促进社会和谐、统筹城乡发展、保障农民权益、推动美丽中国建设具有十分重大和深远的意义。2008 年的国民经济核算体系，提供了社会核算矩阵的标准表式，它反映了宏观经济流量循环的基本过程，构成了完整的经济循环系统。本书将危房改造政策置于四地区社会核算矩阵中，进而构建四地区动态可计算一般均衡（Four Region-Dynamic Computable General Equilibrium，FR-DCGE）模型，分析其在经济中的传导机制，无疑具有现实意义。

1.4 本书的研究思路与研究方法

1.4.1 本书的研究思路

首先，通过梳理国内外关于农村危房改造的理论和实践经验，总结中国农村危房改造的经验，界定住房、农村危房、危房改造行业等相关概念的内涵。研究国民经济核算体系相关理论、社会核算矩阵理论和动态 CGE 模型理论，为农村危房改造的增长和福利效应研究奠定理论基础。其次，通过构建与农村危房改造相关的系列核算账户，核算农村危房相关的各种流量、存量变化，全方位清楚地展现农村危房改造政策的纵向发展脉络，不同历史时期的经济增长效应和为城乡居民带来的动态福利效应，不同时期社会总体的动态福利效应。最后，通过前述民生福祉测度指标体系及宏观核算框架，编制国民经济核算体系系列账户、社会核算矩阵并构建动态 CGE 模型，从线性分析和非线性分析的角度全方位分析农村危房改造对经济增长的促进效应和对改造户、其他农户和城镇户的福利效应提升效果。

1.4.2 本书的研究方法

本书采取的研究方法主要如下。

（1）文献分析法。通过查阅相关图书、期刊及学位论文等方面的文献资料，结合本书的研究目的，收集相关的文献，整理、总结和归纳前人的研究成果，为本书的研究提供资料基础。

（2）演绎分析法。任何事物都有发展的脉络和阶段，本书应用住房制度改革理论演绎分析危房改造政策规律，归纳农村危房政策在住房制度中的发展演化路径。

（3）规范分析法。规范分析，是以一定的价值判断为基础，提出行为的标准，并研究如何才能符合这些标准和说明"应该是什么"的问题。本书中，对国内外危房改造主要采取规范分析法。

（4）实地考察、访谈咨询法与问卷调查综合法。在调研过程中，采用实地考察、关键人物及部门访谈和发放调查问卷等方法，获得第一手资料。通过与当地政府扶贫办和相关单位的管理者访谈咨询测度指标设计的合理性，与关键部门和关键人物访谈相结合，对中国危房改造政策进行剖析，评价政策效果，并提出未来的对策思路。

（5）国民经济核算体系中心账户方法与卫星账户思想。通过国民经济核算体系中心账户方法核算农村危房在国民经济运行过程中的各种流量和存量变化；通过卫星账户核算农村危房改造过程中各种分散的且隐藏在机构部门之中的相关流量。将农村危房核算的相关流量凸显出来，通过卫星账户思想描绘农村危房改造政策作用流程解析图，反映从农村危房改造的住房开发到住房最终使用过程中，涉及的各相关行为主体的利益分配问题。

（6）社会核算矩阵乘数分析和结构化路径分析。利用社会核算矩阵的框架，分析农村危房改造过程中产业部门、机构部门的动态相互依存关系。通过账户乘数分解得到转移乘数、开环效应和闭环效应序列，考察乘数随时间的变化趋势，以反映各经济体的动态依存关系。通过选择主要的基础路径计算直接影响、完全影响和总体影响时间序列，找出经济系统中危房改造政策效应传递的动态网络。

（7）高级宏观经济模型法。社会核算矩阵的乘数分析和路径分析都是一种线性分析方法，但经济变量之间不完全是线性关系，还有非线性关系。动态 CGE 模型可从非线性角度进一步考察危房改造政策的民生福利效应的传导情况，分析危房改造的补短板效应传导机制及力度，考查危房改造前后的对比情况，经济增长与民生福利效应的变化情况。

（8）仿真分析法。在政策效果评估中，结合系统反馈回路设计与数量关系，构建高级宏观经济动态模型进行反事实仿真。使用 GAMS（General Algebraic Modeling System）软件和计量经济学统计软件对历史数据进行系统调查和处理，输入模型并进行训练和修正模型，对已有政策进行仿真拟合和敏感性分析，并对危房改造政策进行多项仿真分析和实验。在多项政策仿真和实验基础上，提出危房改造政策优化的方向。

1.5　本书的创新点和结构安排

1.5.1　创新点

1. 问题选择上的创新

本书选择"农村危房改造的增长和福利效应的大数据动态社会核算矩阵分析"研究，符合国家"房住不炒"的战略理念，体现城乡居民"住有所居"的共同愿望，反映习近平总书记提出的政府必须"补好位"，为困难群众提供基本住房保障战略思想。因此，本书在选题上把握了我国住房工作进程的大趋势，具有前瞻性和战略性，也具有时代代表性和创新性。

2. 学术观点上的创新

（1）编制农村危房改造的地区间社会核算矩阵，构建空间动态 CGE 模型。国内关于社会核算矩阵的研究和应用主要侧重于国家层面。学者研究方面有部分为地区社会核算矩阵，缺乏比较系统的构建地区间社会核算矩阵的理论框架，如账户设计、结构设计、数据处理等。同时，社会核算矩阵的编制过程也是收集、组织和整合不同渠道各类统计数据的过程，是通过复式记账的形式将数据整合到统一的矩阵表中的过程，是完成对地区社会经济各类数据的一次整合和检验的过程，为各类统计资料的整合与校准提供了参考基础，对进一步完善国民经济核算方法有重要的理论意义。

（2）社会核算矩阵编制的数据质量保证。数据质量是统计的生命线，数据误差大会导致实际收集的数据并不能真正反映现实情况。无法获得准确的数据，就意味着分析结论的偏差。因此，本书从统计调查、计量经济、系统科学等多个学科出发，灵活运用各类模型和量化方法，以及多种平衡和更新社会核算矩阵的方法，根据经济学理论和对实际情况的了解，用各种获得的信息保障考核评估工作不同环节的数据质量。

3．理论和实践上的创新

（1）全方位考察中国农村危房改造的增长和福利效应，为政策决策提供依据。

按照党的十九大报告"房住不炒"的理念，从不同角度，通过农村危房改造中住房核算涉及的各种流量、存量变化，全方位清楚地展现农村危房改造在中国农村住房制度改革中的发展脉络，不同时期为不同阶层带来的动态福利效应，不同时期社会总体的动态福利效应。同时能够清晰地呈现危房改造政策实施以来某一时期，包含农村建档立卡户在内的农村住房业或者整个住房产业在国民经济中的横向运行脉络。具象化落实十九大"坚持房子是用来住的，不是用来炒的，加快建立多主体供给、多渠道保障、租购并举的住房制度，让全体人民住有所居"的战略定位。

（2）农村危房改造的福利效应研究，利用国民经济核算体系账户从理论到实证的分析。

根据各地区农村危房的实际情况，设置危房改造行业部门，按照国民经济核算体系中心账户将相应单位的流量归集到相应机构部门的账户之中，就能在国民经济核算体系账户内对其进行记录。但相关流量却分散在各账户之中且隐藏在各机构部门之下，故通过卫星账户思想反映从住房开发到住房最终使用过程中，涉及的各相关行为主体的利益分配问题，从中也可反映住房的藏富于民效应脉络。构建住房中心账户和卫星账户有助于丰富中国国民经济核算理论内容。

（3）编制危房改造的大数据动态社会核算矩阵。

到 2000 年为止国务院发展研究中心发展战略和区域经济研究部编制了 6 个不同年份的中国社会核算矩阵。本书在编制农村危房改造的静态社会核算矩阵的基础上，构建基于大数据的动态社会核算矩阵分析，有助于丰富同类主题的研究。与以往静态社会核算矩阵相比，动态社会核算矩阵体现经济结构等随时间推移的进化演变过程。大数据具有的大容量、多样性、快速性和真实性的特点，体现了时代的特性。结合大数据可反映宏观数据的快速性，涉及的文本数据体现了大数据的多样性特点等。

（4）构建农村危房改造的动态 CGE 模型。

以社会核算矩阵自身及以其为基础构建可递归动态 CGE 模型，分析住房制度改革的补短板效应传导机制及力度，考查农村危房改造政策实施前后的对比情况，经济增长与民生福利效应、农村与城市和地区间对比情况。对农村危房改造在模型中进行仿真并模拟各项住房制度的调整实施，进而寻找优化路径，能够为中国农村住房政策、住房制度改革提供参考，同时丰富了宏观经济模型研究内容。

1.5.2 结构安排

根据研究目的，本书具体结构安排如下。

第 1 章主要介绍本书的研究背景、研究意义、研究内容、研究方法及创新点。

第 2 章从国民账户体系到社会核算矩阵再到基于社会核算矩阵的宏观计量模型的角度，对社会核算矩阵发展历程中有代表性的相关理论进行了梳理，主要包括国民经济核算主要流派的梳理、社会核算矩阵源流的梳理及动态 CGE 理论的梳理。

第 3 章主要介绍社会核算矩阵初始矩阵编制的"自下而上"和"自上而下"两种编制方法；梳理了社会核算矩阵平衡和更新的 RAS 方法（Biproportional Scaling Method）、最小二乘方法、直接交叉熵法和系数交叉熵法等经典方法；介绍了社会核算矩阵最常用的乘数模型分析方法和 CGE 模型分析方法，为后文分析奠定理论方法基础。

第 4 章对宏观、细化的农村危房改造社会核算矩阵结构框架和账户进行设计，并对宏观、细化社会核算矩阵的数据来源及账户数值处理方法进行说明；编制完成了中国 2012 年农村危房改造社会核算矩阵，并基于此矩阵，采用社会核算矩阵的乘数分析模型和结构化路径分析模型，从危房改造财政补贴和农户贷款两方面对危房改造的政策效应进行了详细分析。

第 5 章以国民账户体系为标准，借鉴国务院发展研究中心和美国等发达国家多区域社会核算矩阵编制经验，从党中央实施农村危房改造的目的和相关文件出发，对农村危房改造行业进行界定，在编制 2016 年中国四地区投入产出表的基础上，进一步编制完成 2016 年中国四地区社会核算矩阵，并探讨了若干种社会核算矩阵平衡与更新方法的优劣。

第 6 章从财政转移支付支持农村危房改造的角度，按照危房改造行业与采矿业、交通运输业、电力、热力、燃气、水的生产和供应及间接测算金融中介服务（Financial Intermediation Services Indirectly Measured，FISIM）等的相关投入产出关系划分的生产活动账户，编制中国四地区农村危房改造社会核算矩阵，构建关联路径分析模型，从对产业部门、居民部门的绝对收入、相对收入和价格影响等角度，全面分析了财政转移支付即农村危房改造财政补助金的通过农户账户和通过危房改造行业账户而产生的收入分配效应。

第 7 章以四地区社会核算矩阵为基础构建多区域动态 CGE 模型,从非线性角度,从危房补贴和农户贷款两方面,详细深刻分析农村危房改造的"自筹为主,补贴为辅"的政策对经济增长和居民、社会福利的影响。

第 8 章,结论与研究展望。

第 2 章　社会核算矩阵相关理论梳理

社会核算矩阵是一种数据处理和经济系统分析方法，是国民经济核算体系的重要内容。社会核算矩阵不仅能够产生数据，其本身也提供了分析方法，而且基于社会核算矩阵的框架本身也为模型开发提供基础。此外，模型是将特定概念、核算框架加以转化的重要方式。CGE 模型是当今世界各国普遍采用的一种研究国民经济运行的有效工具，其数据基础之一即由社会核算矩阵提供。因此，本章从社会核算矩阵的产生、发展和模型应用角度，对与社会核算矩阵相关的理论进行梳理。

2.1　国民经济核算主要流派梳理

社会核算矩阵是国民经济核算的高级形式，与国民经济核算有着深厚的历史渊源。20 世纪 30—40 年代是国民经济核算发展的黄金时期。1929 年爆发的"经济大萧条"和此后的第二次世界大战等，对经济理论与经济政策提出了挑战，对国民经济核算提出了新的要求，将国民经济核算纳入政府职能范围已成为必然趋势。国民经济核算研究的发展历程中的主要流派有：以英国经济学家 Stone 为代表的英国国民经济核算流派，以美国的经济学家和统计学家 Kuznets 为代表的美国国民经济核算流派和以挪威的 Aukrust 为代表的北欧国民经济核算流派[1]。

---

① 刘军，孙中震，2003. 国民经济核算三大流派论 [J]. 山东经济（3）：7-8.

2.1.1　以 Stone 为代表的英国国民经济核算流派

英国对国民经济核算研究具有悠久的历史。英国经济学家 Petty 在 1664 年的《献给英明人士》中虽然没有明确提出国民收入的概念，但已有关于国民收入的简单论述；在 1672 年的《政治算术》中首次提出国民收入的概念，并从收入和支出两个角度对当时英国的国民收入进行了实际估算，首次用一个总指标反映一国总体经济规模。这些工作奠定了现代国民收入统计的基础。Ginger 编制了 1688 年英国居民收支统计表，推算了 1688 年之后若干年英国国民收入的发展趋势，并开始研究国民收入的国际比较工作。除此之外，在这一过程中，Ginger 提出了国民收支、国民储蓄等总量指标概念。继 Ginger 之后，19 世纪澳大利亚的 Covran 首次提出了国民收入统计从生产、分配和使用三面反映的"三面等值法"，对世界国民收入统计方法做出了积极贡献。

在第一次世界大战之前，国民收入的估算一直处于经济学家和统计学家不断研究的阶段，尚未得到政府的重视，也没有形成系统的概念、理论和方法。这一阶段的国民收入统计重心主要体现在国民收入统计总量和理论基础、口径范围和估算方面，并没有反映国民经济核算描述国民经济运行过程的系统理论和方法。但是这一阶段学者的研究思想已经孕育着国民经济核算的学术思想。可见，虽然国民经济核算的概念和理论方法产生得较晚，但其形成却是融于国民收入统计发展过程之中的。

在第二次世界大战之后，资本主义国家遇到了失业率上升、物价上涨、能源不足等问题的威胁，各国政府重视强化国家的经济职能，对经济进行宏观调控，制定政策目标。仅依靠单项经济指标信息要做到这些已经远远不够，需要更丰富的关于经济总体及内部构成的国内国际信息。这些因素促进了各国的交流合作，国际机构也越来越重视国民经济核算体系的研究和改进。经过各国经济学家和学者的努力，国民经济核算理论在第二次世界大战前后得到了快速发展。首次使用国民核算一词的是荷兰经济学家 Cliffe，其在 1941

年发表的《论国民核算：荷兰 1938 年年度调查的经验》和《论国民核算的意义和组织》中第一次使用了国民核算（National Accounting）一词，并且公布了基于会计账户形式的荷兰 1938 年和 1940 年国民收入和支出核算结果。同年，英国经济学家 Meade 和 Stone 发表了基于 Keynes 会计账户形式的英国 1938 年和 1940 年国民收入和支出核算结果。这些成果的公布标志着国民收入统计向国民经济核算的成熟过渡。

Stone 是国民经济核算集大成者中非常重要的一位，其对国民经济核算的重要贡献在于领导了联合国国民经济核算的研究并制定了统计制度。1939 年，Stone 以 Keynes 创立的宏观经济理论为基础，借鉴前人的研究基础，将国民经济总体划分为居民、工商企业、政府和国外四个部门，按照"所得＝产品价格＝消费＋投资＝消费＋储蓄"这一 Keynes 宏观经济理论平衡公式，采用复式记账方法，建立了生产、消费、积累和国外四大账户，估算了英国的国民收入与支出。Stone 这一工作具有非常重要的意义：一是将单纯的国民收入统计发展成为统计、会计和经济理论的结合体；二是将国民收入总量统计发展成为对整个国民经济过程的核算描述；三是将国民收入估算由学者个人研究发展成为官方的定期核算。一定意义上，Stone 的这一工作成果可以看作国民经济核算体系的雏形。

Stone 认为，国民经济核算应对国民经济进行全面的、有条理的、前后一致的描述，所用概念、定义和分类应与基础理论中出现的概念、定义和分类相一致，这样有利于实际测算和经济分析，为此，应选择那些与经济运行结果相一致的经济理论作为理论基础。国民经济核算范围既包括市场化交易，也包括非市场化交易；既包括经济因素，也包括社会、人口和环境因素。在这一理念的指导下，Stone 不断拓展其研究领域，将国民经济核算体系发展成为一个庞大的信息体系。此外，Stone 在研究国民经济核算过程中，充分认识到国际比较的重要性，在国际联盟和联合国的组织领导下，Stone 组织了一个国际专家小组着手制定国民经济核算的国际准则，并于 1947 年和 1953 年分别以国际联盟和联合国的名义出版了《国民收入的计量和社会核算账户的建立》及《国民经济核算体系及其辅助表》（即 1953 年国民经济核算体系）。20
世纪 60 年代，Stone 在其主持的剑桥增长项目中建立了英国的社会核算矩阵，
提供了英国多部门经济数据，为多部门经济模型提供了数据基础。在此基础
上，Stone 于 1968 年对 1953 年国民经济核算体系做了重大修订，产生了 1968
年国民经济核算体系。1968 年国民经济核算体系包括了现代国民经济核算的
基本内容，其中整个核算体系的基本结构是通过账户与矩阵结合的形式加以
描述的。Stone 的这些工作对国民经济核算在世界范围内的普及使用起到了非
常重要的作用。

2.1.2　以 Kuznets 为代表的美国国民经济核算流派

美国的国民经济核算研究工作始于 1843 年，是世界范围内较早进行国民
经济核算的国家之一。Tucher 最早于 1843 年对美国的国民收入进行了估算，
但此后较长一段时间内，美国的国民收入核算研究工作进展缓慢。1920 年，
美国制度学派创始人 Mitchell 建立了美国国家经济研究局（National Bureau
of Economic Research，NBER）研究美国国民收入与收入分配问题，于 1921
年公布了 1909—1919 年美国国民收入数值。20 世纪 30 年代初期，美国的国
民经济核算仍然落后于当时的英国、德国等国家。20 世纪 30—40 年代，美国
经济获得了长足的发展，同时也出现了较为严重的问题（1929 年的"经济大
萧条"、1937—1938 年的国民经济衰退），这些问题促进了美国政府对国民收
入核算问题的关注，迫切需要对国民经济活动从数量方面加以描述，以方便
经济分析和宏观决策，因而，国民经济核算提上日程。

1932 年美国参议院通过决议将国民核算确立为政府职能，要求商务部对
国民收入进行核算。美国商务部内外贸易局经济分析处委托 NBER 的 Mitchell
的学生俄裔美国经济学家 Kuznets 开发一套国民经济账户。1933 年 Kuznets
带领的由 NBER 和商业部组成的研究团队，首次估算了 1929—1932 年美国国
民收入。1934 年，《国民收入报告（1929—1932）》递交至美国国会金融委员
会。在这份报告中，提出了一个全新的概念"国民收入（National Income，

NI)"，数据显示，美国的国民收入从 1929 年的 890 亿美元下降到 1932 年的 490 亿美元。经过团队的不懈努力，1937 年，Kuznets 向美国国会金融委员会递交了《国民收入（1929—1935）》研究报告，这篇研究报告通常被认为是美国第一套国民账户体系。之后，Kuznets 还对 1919—1938 年的美国国民收入进行了统计，并且估算了 1869 年以来的美国经济活动。1941 年，Kuznets 出版了《1919—1938 年国民收入与债务支出》和《国民收入及其构成》，研究了国民收入及其构成的性质和含义，探讨了如何利用现有资料估算国民收入，具体估算和分析了两次世界大战期间美国国民收入及其构成的变化，还对早期的经济统计资料按照新的核算体系做了大量的修订工作。1945 年，Kuznets 出版了《1869 年以来的国民生产总值》。

Kuznets 在澄清概念的基础上，利用大量的统计数据对美国的国民收入进行了具体核算，解决了一系列有关国民收入核算的理论和技术问题，创造出一套简便易行的核算方法，建立了现代国民收入核算体系的基本框架。

2.1.3 以 Aukrust 为代表的北欧国民经济核算流派

作为北欧国家的挪威也是世界上较早进行国民经济核算的国家之一。在国民经济核算的思想上，挪威比较重视实物循环，即对国民经济运行实物运动方面的描述。20 世纪 30 年代，Frish 的经济循环思想是挪威的国民经济核算的理论基础。Aukrust 是挪威研究国民经济核算的代表性人物之一，他继承了挪威重视实物循环的传统和 Frish 的经济循环思想。他在核算概念（如交易、交易者等）上都体现了实物循环和货币循环既相分离又相统一的思想。他以 Keynes 的宏观经济理论为基础，将会计方法应用于国民经济核算中，并于 1955 年进行了公理化，设定了 5 组 20 个公理，定义了实物对象的生产、销售、消费和积累过程及交易等概念，引入了实物循环和货币循环的相互作用，区分了基于等价支付的有偿交易和基于非等价交易的无偿交易，提出了货币计价原则，通过"等价交换公理"确定了复式记账、借贷相等的原则。

这一核算体系与 Stone 的国民经济核算体系相比，也有一些优势值得参考。首先，这个体系具有一般性。其中的账户设置适用于任一部门，这些部门既可以是公司、住户，也可以是整体经济，可以通过合并与国家各分部门有关的账目，得到全国的总数。其次，实物流量与货币流量之间有着细致的区别。实物经常账户可提供实物流量研究所需的所有信息。因此，可将所有实物经常账户放在一个矩阵中，所得到的矩阵与 Leontief 的投入产出非常相似。若把所有的经常性货币账户抽象出来，就会得到一个简单的体系，这个体系的性质与英国的《国民收入和支出白皮书》中使用的"货币流"体系相同。

这三位经济学家的理论思想为国民经济核算体系的进一步发展奠定了基础。同时，这三种体系也随着国民经济核算国际标准化的发展而不断融合、相互作用着向前发展。以 Stone 为代表的国民经济核算体系，以 Keynes 的宏观经济理论为依据，借鉴会计学的复式记账的方法，设计了一套国民账户体系，经联合国的推荐，成为国际上普遍认可、共同遵守的准则。

2.2　社会核算矩阵源流梳理

2.2.1　Quesnay 的经济表与马克思的经济表

Quesnay 是法国重农学派的创始人，法国古典政治经济学的著名代表人物。Quesnay 一生的经济著作不多，1758 年发表的《经济表》是其最重要的著作。"纯产品"理论是 Quesnay 理论体系的核心。他所说的"纯产品"是指土地生产物去除生产费用之后的余额。Quesnay 指出，扣除用于耕作的劳动费用和其他必需支出后多余的土地生产物是纯产品，它构成国家收入和获得或购买地产的土地所有者的收入。[①] 他认为只有农业部门生产"纯

---

① QUESNAY F，1979. 魁奈经济著作选集[M]. 吴斐丹，张草纫，选译. 北京：商务印书馆.

产品"，工业和其他经济部门不生产"纯产品"。这是因为，在农业生产中，"土地"这一要素不需要支付任何报酬，而在工业及其他经济部门的生产过程中，没有"土地"这一要素的参与。因此，农民的劳动"由于土地的恩惠，能够生产比他们的支出更多的东西，这种纯产品则被称为收入"。[①]

Quesnay 以"纯产品"理论为基础，对社会阶级构成进行了划分，按照社会成员对"纯产品"生产所起的作用分为生产阶级、土地所有者阶级和不生产阶级等三个阶级。生产阶级是指从事农业、生产"纯产品"的阶级，主要包括农业资本家和农业工人。Quesnay 认为只有农业才是唯一的生产部门，故从事农业的阶级就成为唯一的生产阶级，只有他们的劳动才是生产劳动，也只有他们的劳动才能使社会财富不断增长。土地所有者阶级是指以地租、租税的形式从生产阶级那里获得"纯产品"的阶级，主要包括地主及从属人员、国王官吏和教会。不生产阶级是指从事工商业活动的阶级，主要包括工商业资本家和工人。Quesnay 认为，工商业的劳动不创造"纯产品"。此外，Quesnay 将农业资本划分为"年预付"和"原预付"两部分。"年预付"是每年预付的资本，如种子、肥料和工人的工资等。"原预付"是指几年预付一次的资本，如耕畜、农具、房屋、仓库等。

1758 年第一版《经济表》之后，Quesnay 又对这一张表进行了改进和完善，因此《经济表》概括起来有三种形式。第一种是 1758 年出版的《经济表》，被称为《原表》，这张表采用了曲折相连的线条，形状像锯齿，又称"锯齿图式"。第二种是 1763 年出版的《经济表》，对《原表》进行了修改和简化，形式由"锯齿图示"变为"提要图式"。第三种是 1766 年出版的《经济表分析》，这是 Quesnay 最成熟的《经济表》，以"算术图式"表示，具体如图 2-1 所示，这张表又称《略表》。此后 Powell 对 Quesnay 的《经济表》进行了修正，将"算术图式"中的 8 个交换点和 5 个交换行为改为 6 个交换

---

① QUESNAY F，1979. 魁奈经济著作选集 [M]. 吴斐丹，张草纫，选译. 北京：商务印书馆.

点和 5 个交换行为，修改后的《经济表》被称为《修正表》。①

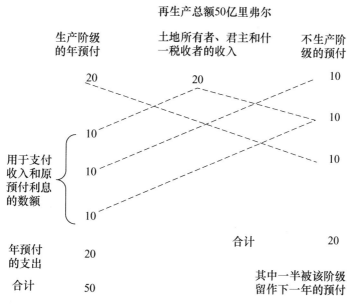

图 2 - 1 《经济表》的图式②

在图 2-1 中，土地所有者阶级用 10 亿里弗尔向生产阶级购买农产品，用
10 亿里弗尔向不生产阶级购买工业品，以供本阶级生活消费之用。不生产阶
级用与土地所有者交换所得到的 10 亿里弗尔向生产阶级购买作为生活资料的
农产品，供本阶级生活消费之用。生产阶级使用年预付的 10 亿里弗尔向不生
产阶级购买工业品，供本阶级消费使用。不生产阶级用预付的 10 亿里弗尔向
生产阶级购买作为原料的农产品，供本阶级生产消费使用。将图 2-1 的《经
济表》形式略做变化，写成矩阵形式，如表 2-1 所示。在表 2-1 中，《经济
表》所包含的理论内容基本上被全面表示出来。由此可见，Quesnay 的《经
济表》已经蕴含了矩阵思想，与现代投入产出表的形式十分相似，但在部门
划分、要素收入、最终产品消费方面有很大差别。根据 Quesnay 的经济理论，

① 邓春玲，2017. 经济学说史[M]. 2 版. 北京：中国人民大学出版社.
② QUESNAY F，1979. 魁奈经济著作选集[M]. 吴斐丹，张草纫，选译. 北京：商务印书馆.

用于地主、君主和教会的产品才是最终产品。而生产阶级和不生产阶级消费的产品，与现代投入产出表的中间产品部分对应。土地这一要素对应于现代投入产出表的要素收入部分。在这里，Quesnay 并没有考虑劳动力这一因素，认为农产品是"土地"这一要素的恩惠，这也是由当时特定的历史条件所决定的。虽然《经济表》与现代投入产出表差距还是比较大，但其思想上已具备了投入产出表的特点。Stone 通过论证得出 Quesnay 构建的《经济表》是社会核算矩阵的起源。

表 2-1 《经济表》的矩阵形式　　　　单位：亿里弗尔

	中间产品		最终产品	总产出
	生产阶级	不生产阶级	地主、君主和教会	
生产阶级	20	20	10	50
不生产阶级	10		10	20
土地	20			
总投入	50	20		70

继 Quesnay 的《经济表》之后，在很长一段时间里是一个谜，没有人能解开它。到了后来，马克思在描述他的社会资本再生产方案时，它才得以恢复本来面目。[①] 马克思汲取了 Quesnay《经济表》中有价值的内容，提出了自己的《经济表》。与 Quesnay 类似，在《1861—1863 年经济学手稿》中，马克思曾绘制了四幅《经济表》，意图搭建其社会再生产理论基本框架。马克思的《经济表》旨在反映马克思的再生产理论。这张表由两个部类构成。第一部类是生产生活资料的部类，产品形态主要表现为全部生活资料。第二部类是生产生产资料的部类，产品形态为全部生产资料。两个部类产品从价值形态上来看，均由不变资本、可变资本和剩余价值这三部分构成。与 Quesnay 的《经济表》中反映的只有农业部门是生产部门

---

① 卡尔·屈尼，1979. 经济学和马克思主义[M]. 伦敦：麦克米伦出版公司.

不同，马克思将社会生产高度抽象为生活资料和生产资料两个部类，国民经济按照产品的经济用途划分，这两大部类的划分对于马克思的再生产理论具有重要意义。但国民经济两大部类的划分只是一种理论抽象，适合理论分析需要。在实际中，同一种产品可能存在多种经济用途，既可以作生活资料也可以作生产资料。这样一来，生产该种产品的企业部门就会被划分到不同的部类中。

马克思设计的《经济表》虽然没有以矩阵形式呈现，但其中蕴含着矩阵思想，尤其是投入产出表的思想。沈士成等人（1987）[①] 证明了马克思的社会总产品的实现理论是投入产出分析的理论基础，马克思设计的《经济表》的矩阵表示形式如表 2-2 所示。其中，x_{11} 表示第一部类产品分配给第一部类生产消费的价值；x_{12} 表示第一部类产品分配给第二部类生产消费的价值。V_1、V_2 分别为第一部类和第二部类必要劳动创造的价值，形成劳动者报酬。m_1、m_2 分别为剩余产品价值，形成社会纯收入。y_1^{I}（或 y_2^{I}）、y_1^{II}（或 y_2^{II}）分别为第一部类

表 2-2　马克思设计的《经济表》的矩阵表示形式

	中间产品		最终产品			社会总产品
	第一部类	第二部类	第一部类积累	第二部类积累	消费	
第一部类	x_{11}	x_{12}	y_1^{I}	y_1^{II}	0	x_1
第二部类	0	0	y_2^{I}	y_2^{II}	y_2^0	x_2
V	V_1	V_2				
M	m_1	m_2				
社会总产品	x_1	x_2				

① 　沈士成，于光中，1987. 投入产出分析教程[M]. 郑州：河南人民出版社.

（或第二部类）产品中用于第一部类、第二部类积累的价值。y_2^0 表示第二部类产品中用于消费的价值。x_1、x_2 分别为第一部类、第二部类的总产品价值。

2.2.2 Leontief 的投入产出表

Leontief 曾说，"投入产出分析是用新古典学派的全部均衡理论，对各种错综复杂的经济活动之间在数量上的相互依赖关系进行经验研究"，是全部均衡理论的"具体延伸"。全部均衡理论涉及面较宽，既有交换的全部均衡，又有生产的全部均衡。投入产出表考察的是生产的全部均衡。Leontief 曾指出，投入产出表是全部均衡理论的一个简化方案。从历史上看，投入产出分析的思想源远流长。早在法国重农主义经济学家 Quesnay 的著名《经济表》和马克思的《经济表》中，就已包含了把国民经济作为一个整体进行产业关联分析的思想萌芽。[1]

Leontief 的投入产出表与马克思的《经济表》及苏联的国民经济综合平衡思想联系密切。这与 Leontief 所处的历史背景有关。Leontief 出生于圣彼得堡，在圣彼得堡大学经济系学习过，马克思主义经济理论对其产生了重大影响，其间曾研究并参与过苏联的计划统计工作，对社会总产品的内涵有一个完整的认识，认为社会总产品中不能忽略转移价值部分。也正是这一点，为其后来提出投入产出分析奠定基础。1931 年，Leontief 借鉴这些思想，开始着手投入产出表的编制工作；1932 年，Leontief 编制了美国 1919 年的投入产出表；1936 年，Leontief 在《经济学与统计评论》上发表了著名论文《美国经济体系中投入产出的数量关系》，这篇论文后来被人们公认为投入产出分析产生的标志。1941 年，Leontief 出版专著《美国经济结构（1919—1929）》，正式公布了美国 1919 年和 1929 年的投入

---

[1] 杨灿，2008. 国民经济核算教程[M]. 北京：中国统计出版社.

产出表。之后 Leontief 创造性地使用矩阵代数等数学方法建立了专门的经济数学模型，并进行美国经济结构的投入产出数量分析，形成了一套较为完整的投入产出分析技术与方法。Leontief 因创立了投入产出分析做出了巨大贡献，在 1973 年获得了诺贝尔经济学奖。联合国于 1950 年成立了国际投入产出学会，主要工作为召开世界范围的投入产出国际研讨会。1968 年国民经济核算体系已将投入产出核算纳入其中，使其成为国民经济核算体系的重要组成部分。1993 年国民经济核算体系、2008 年国民经济核算体系中，投入产出分析依然处于重要的地位。

Leontief 创立的投入产出分析是西方经济计量学的一个分支，其投入产出表本身就是一个经济计量模型。与 Quesnay、马克思的《经济表》的不同之一是，部门划分方面，投入产出表的部门划分采用"纯产品"部门的标准。此外，以投入产出表为基础的投入产出分析是一个以线性代数为工具，以现代统计方法和大量统计数据为基础，采用计算机实现运算的大型计量模型，远比《经济表》复杂和严密。

2.2.3　Stone 与国民经济核算体系中的社会核算矩阵

1. Stone 编制的最初社会核算矩阵

众所周知，Stone 在其职业生涯的前半部分中大部分时间都在研究建立国民账户体系。在 20 世纪 40 年代末和 50 年代初，Stone 提出了国民核算结果的呈现形式，不仅包括 T 型账户，还包括矩阵形式。他把这一矩阵称为社会核算矩阵，而且证明了投入产出表可以被认为是社会核算矩阵的一个特例。他说："我建议使用术语投入产出表来表示系统营业账户之间及这些账户与其他所有账户之间的货物和非要素服务流动的现金流量表。系统中所有交易的合计作为一个元素出现在矩阵最后一行中。"Stone 编制社会核算矩阵的目的是将经济活动数据纳入一个统一框架中计算，为经济增长模型提供数据基础。这一点可以见于 20 世纪 60 年代，Stone 主持的英国的剑桥增长项目。该项目包括两部分内容：一是经济增长量的可计算模型，二是 1960 年的社会核算矩阵。Stone 关于社会核算矩阵的研究最重要的成果就发表在 1960 年的社会核算矩阵中，该矩阵由 Stone、Brown 等人共同编制。该矩阵进一步完善了社会核算矩阵的概念框架，特别强调在以最适当方式描述各种经济活动时需使用诸如商品、建筑物、机构单位等不同统计单位的重要性。按照这一概念，有必要使用特殊转换矩阵，在统计单位中不同会计体系之间建立转换联系。Stone 用英国经济数据编制了英国 1960 年的社会核算矩阵，该矩阵为经济增长模型提供了数量框架，通常被认为是英国的第一个社会核算矩阵。尽管概念体系非常接近英国官方国民收入估计，但是矩阵极大地拓展了包含在蓝皮书中的账户版本。1960 年社会核算矩阵中的投入产出关系是以 1954 年官方估算数据为基础计算的。该矩阵的某些特征是著名的蓝皮书系统的有价值补充。

消费通常根据消费支出目的划分，在社会核算矩阵中需将这一分类重新按照提供产品的行业划分，这需要对二者进行转换。固定资产的重置与资产存量的增加是分开的。尽管这一阶段的数据还比较粗略，但为了经济增长模型需要，分开是必要的。由于类似的原因，耐用消费品被看待为固定资产，而不是普通消费品。

Stone 编制的 1960 年社会核算矩阵大而复杂，是一个 253×253 维矩阵，包含 250 多个账户之间的交易信息。但由于这些矩阵的性质，其中大部分元素是空的，可以很容易地用子矩阵来分析。这里采用逐步介绍该矩阵及其原理和数值计算结果的方法来阐述 1960 年社会核算矩阵。这一矩阵的编制可以分为四步，这四步中得到的社会核算矩阵依次为描述性社会核算矩阵、小型社会核算矩阵、年轻社会核算矩阵和大型社会核算矩阵。其中，描述性社会核算矩阵是对社会核算矩阵框架及设置账户类别指标等的描述。小型社会核算矩阵是根据描述性社会核算矩阵编制的 15×15 维矩阵。年轻社会核算矩阵是将简单社会核算矩阵中部分矩阵进行分解得到的 40×40 维矩阵。大型社会核算矩阵由一系列表组成，每一个都包含了年轻社会核算矩阵给定部分的完全扩展。至此，Stone 完成了第一个社会核算矩阵的编制，得到了内部一致的各种指标数据，并且各种账户之间的关系通过一个矩阵来表示。

2. 国民经济核算体系中的社会核算矩阵

Stone 的 1960 年社会核算矩阵的编制，为联合国 1968 年国民经济核算体系中的社会核算矩阵的设计奠定了基础。表 2-3 是 1968 年联合国国民经济核算体系中的社会核算矩阵表示的简化表。从生产、收入和支出、积累、国外 4 个维度，把有关交易和部门账户按照国民经济循环规律进行有机排序整合，得到一个行列数相等的方阵。行表示账户的来源流量，列表示相应账户的使用流量，这个方阵体现了经济循环中的流量循环过程，能够静态展现一个经济体一定时期内经济运行的情况。

1968 年国民经济核算体系问世之后，英国著名的发展经济学家 Dudley Seers 呼吁建立一个更为全面和综合性的宏观-微观数据框架，并为此做了大量的工作。20 世纪 70 年代初，Dudley Seers 主持了国际劳工组织"世界劳工项目"中的多个课题，在实践中对社会核算矩阵框架不断进行调整和完善。在这些基础性工作之上，许多组织机构开始关注发展社会核算矩阵的核算思想，1993 年国民经济核算体系对 1968 年国民经济核算体系进行补充和修订，首次系统论述了社会核算矩阵的核算方法。[1] 表 2-4 为 1993 年国民经济核算体系中的社会核算矩阵结构。[2] 2008 年国民经济核算体系在 1993 年国民经济核算体系基础上对社会核算矩阵进行了进一步描述。实际上，社会核算矩阵是用一个完整的矩阵型账户来实现对货物和服务等账户的整体描述。

---

[1]　王其文，李善同，2008. 社会核算矩阵：原理、方法和应用[M]. 北京：清华大学出版社.

[2]　李连友. 关于建立中国社会核算矩阵的探讨［R/OL］（2010-10-15）. http://www.stats.gov.cn/ztjc/tjzdgg/hsyjh1/yjhxsjlh/hsll/201010/t20101015_69128.html.［2020-12-09]

表 2 - 3 1968 年联合国国民经济核算体系中的社会核算矩阵表示的简化表

	生产		收入和支出					积累					国外	
账户	1	2	3	4	5	6	7	8	9	10	11	12	13	14
生产 商品（产品部门）1		中间消耗	最终消费					库存增加	固定资本形成				出口	
生产 活动（产业部门）2	总产出													
收入和支出 支出（产品类型）3							消费支出							
收入和支出 增加值（增加值构成）4		净增加值												
收入和支出 收入来源（机构部门）5				要素收入								固定资产折旧		
收入和支出 收入形成（收入类型）6					财产收入支付	全部收入获得							国外收入支付	
收入和支出 承受（机构部门）7							经常转移支付							
积累 储备增加（产业部门）8										库存增加				
积累 固定资本形成（产业部门）9										固定资本形成				
积累 资本形成（资本类型）10												资本形成总额		资本转移支出

续表

账户分类			生产		收入和支出						积累			国外		
			1	2	3	4	5	6	7	8	9	10	11	12	13	14
积累	金融	金融交易 机构部门	11											贷入	借出		借出
			12							净储蓄							
国外	经常交易 所有种类		13	进口					国外收入获得							经常项目差额	
	资本交易 所有种类		14										资本转移收入	贷入			

资料来源：马克卫，2012. 中国社会核算矩阵编制与模型研究[D]. 山西财经大学.

表 2-4　1993 年国民经济核算体系中的社会核算矩阵结构

账户分类		0 货物和服务（产品）	I.1 生产（产业部门）	II.1 收入形成（增加值分类）	II.2 收入初次分配（机构部门）	II.3 收入二次分配（机构部门）	II.4 收入使用（机构部门）	III.1 资本（机构部门）	III.2 固定资产形成（产业部门）	III.2 金融（金融资产）	国外 经常往来	国外 资本往来	合计
		1	2	3	4	5	6	7	8	9	10	11	
0 货物和服务（产品）	1	商业运输费用	中间消耗				最终消费	库存变化	固定资本形成总额		货物和服务出口		
I.1 生产（产业部门）	2	产出											

续表

账户分类		0 货物和服务（产品）	I. 生产（产业部门）	II.1 收入形成（增加值分类）	II.2 收入初次分配（机构部门）	II.3 收入二次分配（机构部门）	II.4 收入使用（机构部门）	III.1 资本（机构部门）	固定资产形成（产业部门）	III.2 金融（金融资产）	国外 经常往来	国外 资本往来	合计
		1	2	3	4	5	6	7	8	9	10	11	
II.1 收入形成（增加值分类）	3		基本价格净增加值								来自国外雇员报酬和混合收入		
II.2 收入初次分配（机构部门）	4	产品税减补贴		基本价格净形成收入	财产收入						来自国外财产收入、产品税减补贴以及进口税		
II.3 收入二次分配（机构部门）	5				国民净收入	所得、财产等经常税和经常转移					来自国外的所得、财产、经常税和经常转移		
II.4 收入使用（机构部门）	6					可支配净收入							

续表

账户分类		0货物和服务(产品) 1	I.生产(产业部门) 2	II.1收入形成(增加值分类) 3	II.2收入初次分配(机构部门) 4	II.3收入二次分配(机构部门) 5	II.4收入使用(机构部门) 6	III.1资本(机构部门) 7	固定资产形成(产业部门) 8	III.2金融(金融资产) 9	国外经常往来 10	国外资本往来 11	合计
III.1资本(机构部门)	7						净储蓄	资本转移	借入			来自国外资本转移	
固定资产形成(产业部门)	8		固定资产折旧					固定资产形成净额					
III.2金融(金融资产)	9							借出				国外净借出	
国外 经常往来	10	货物和服务进口		向国外的雇员报酬和混合收入	向国外的财产收入,产品税减补贴及进口税	向国外的所得、财产等经常税和经常转移							
国外 资本往来	11							向国外资本转移		对外经常差额			
合计													

2.2.4 中国社会核算矩阵

中国社会核算矩阵编制始于20世纪80年代末，与CGE模型的建模和应用同步，早年主要由国务院发展研究中心发展战略和区域经济研究部负责编制。随着社会核算矩阵在中国的逐步应用，很多机构也开始研究社会核算矩阵的编制与建模，但与国外相比还存在差距。表2-5为2007年中国宏观社会核算矩阵结构。这是根据国民经济运行实际情况，设置包括商品、活动、劳动力要素、资本要素、居民、企业、政府补贴、预算外、政府、国外、资本账户、存货变动在内的12个账户的社会核算矩阵。商品账户在社会核算矩阵中是各种产品综合的账户，其收入来源是生产部门的中间投入、居民消费、公共部门自筹消费、政府消费、资本投入、库存商品增加和出口；其支出是国内总供给、政府所收的关税及从国外的进口。活动账户是指生产活动的账户，主体为生产部门，其收入来源于国内总供给，支出用于中间投入、支付要素报酬、缴纳间接税和获得生产补贴。劳动力要素账户，旨在反映劳动力要素的投入及要素收入的分配。资本要素账户旨在反映资本要素的投入和资本要素的收入分配。居民账户的收入来源于工资、企业转移支付、政府转移支付和国外获得的收益；其支出表现为居民消费、居民储蓄及向政府缴纳的税收。企业账户的收入是企业的资本要素收入，支出表现为企业对居民的转移支付、企业储蓄、企业应缴纳的直接税。政府补贴账户是一个过渡账户，反映与政府有关的补贴的来源和支出。预算外账户的收入来源于企业预算外收费，支出主要是公共部门的自筹消费。国外账户的收入来源于进口、国外资本投资收益及政府对国外的支付，支出主要用于出口、直接投资及国外储蓄。资本账户反映总投资和总储蓄情况。政府账户的收入来源于进口商品的关税、生产部门的间接税、企业所缴纳的直接税、个人所得税和来自国外的转移收入及债务收入，支出则主要用于政府消费、政府对居民的补贴、政府补贴支出、政府对国外的支付和政府储蓄。存货变动账户一方面反映当期存货净变动，另一方面该账户可记录核算余量，对账户平衡发挥作用。

表 2 - 5　2007 年中国宏观社会核算矩阵结构

		1	2	要素		5	6	7	8	9	10	11	12	汇总
		商品	活动	3 劳动力	4 资本	居民	企业	政府补贴	预算外	政府	国外	资本账户	存货净变动	
1	商品		中间投入			居民消费			公共部门自筹消费	政府消费	出口	固定资本形成	存货净变动	总需求
2	活动	国内总产出												总产出
3	要素 劳动力		劳动者报酬											要素收入
4	要素 资本		资本回报											要素收入
5	居民			劳动收入	资本收入		企业的转移支付	政府补贴		政府的其他支付	国外收益			居民总收入
6	企业				资本收入									企业总收入
7	政府补贴		生产补贴							政府的补贴支出				

续表

	1	2	3	4	5	6	7	8	9	10	11	12	汇总
	商品	活动	要素		居民	企业	政府补贴	预算外	政府	国外	资本账户	存货变动	
			劳动力	资本									
8 预算外		预算外收费											预算外总收入
9 政府	关税	政府生产税			个人所得税	企业直接税					政府的债务收入		政府总收入
10 国外	进口			国外资本投资收益					对国外的支付				外汇支出
11 资本账户					居民储蓄	企业储蓄		预算外账户结余	政府储蓄	国外净储蓄			总储蓄
12 存货变动											存货变动	存货净变动	存货净变动
汇总	总供给	总产出	要素支出	要素支出	居民支出	企业支出		预算外支出	政府支出	外汇收入	总投资	存货净变动	

2.3　可计算一般均衡模型

CGE 模型起源于 Walras 的一般均衡理论，是与抽象 Walras 一般均衡理论模型相对应的实际模型。CGE 模型通过建立描述经济系统供求平衡关系的一组数学方程对经济体进行模拟，从而再现经济体是如何通过调整商品和要素数量及价格，来实现 Walras 一般均衡理论模型所描述的供需平衡问题。CGE 模型是对投入产出线性规划模型的完善，在一定程度上把生产、需求、分配、外贸等经济环节通过市场机制和政府干预有机结合起来，具有很强的综合分析能力。

CGE 模型虽起源于一般均衡理论，但与一般均衡理论又有所不同，它取消了关于市场完全竞争的假定，允许在模型中反映政府对宏观经济的干预，适用于模拟混合经济体制下经济的运行状况。CGE 模型将各经济主体在经济活动中的不同目标置于统一框架之下进行优化，具有多级异目标优化特征。CGE 模型具有多部门结构，相比于一般的宏观经济模型，更具有结构分析优势。相比于微观模型，CGE 模型考虑了政府干预因素，具备宏观调控结构均衡和总量均衡的双重能力。相比于投入产出线性规划模型，CGE 模型是非线性结构，能更准确地描述经济指标之间的关系。相比于实证分析，如向量自回归（Vector Autoregression，VAR）模型，CGE 模型有严谨的理论支持，分析更加规范。

2.3.1　新古典主义 CGE 模型和结构主义 CGE 模型

按照经济学的基本理论，Robinson（1991）将 CGE 模型划分为两类：新古典主义 CGE 模型和结构主义 CGE 模型。[①] 结构主义 CGE 模型以 Keynes 分析传统为主，认为经济系统的结构特征是行为基础的，这些结

---

① ROBINSON S, 1991. Macroeconomics, financial variables, and computable general equilibrium mo-dels [J]. World Development, 19 (11)：1509 - 1525.

构包括收入和财富的分配、土地的租赁关系、国外贸易的类型和程度设定、生产链的密度、市场的聚集程度、人口的地理和部门分布及其技能等等。基于机构和政治经济的分析是结构主义 CGE 模型的特点。结构主义 CGE 模型的基本特征在于着重分析居民不同收入阶层和国家、银行、企业之间的相互作用。结构主义 CGE 模型又可进一步分为新古典结构主义 CGE 模型、微观结构主义 CGE 模型和宏观结构主义 CGE 模型。新古典主义 CGE 模型以新古典经济理论为基础，从经济主体的最优化和充分就业的假设出发，把 Walras 抽象一般均衡理论和经济结构结合起来，数值化地得出导致一系列市场平衡的供给水平、需求水平和价格。

1. 新古典主义 CGE 模型

新古典主义 CGE 模型假定生产者追求利润最大化、消费者追求效用最大化，而且市场通过工资和价格的弹性调节达到出清状态。典型的新古典主义 CGE 模型一共包括 15 个等式，其中有 5 个等式描述的是不同行为者的行为，分别为在规定部门生产函数条件下经济的生产可能性边界、各部门对要素的需求、要素总供给、产品需求和投资需求。在发展中国家，要素总供给通常是外生给定。产品需求方程描述的是总消费支出在商品之间如何进行分配。投资需求等式是把既定部门的投资转化为各部门对投资品的需求，通常采用固定资本分配系数计算不同部门的资本构成。由于该模型没有投资函数，总投资由总储蓄决定。因此新古典主义 CGE 模型为"储蓄推动型"模型，不涉及任何宏观经济调控机制和外生均衡变量。新古典主义 CGE 模型一般用于分析典型资料，在发展中国家的用途非常有限。

2. 新古典结构主义 CGE 模型

新古典结构主义 CGE 模型保持了新古典主义 CGE 模型的结构，但加进了有限弹性假定。它的主要特征是在国际贸易中不存在贸易不完全替代弹性。按照假定，国内生产的产品中出口品和内销品之间存在非线性转换关系，内销品是进口品的不完全替代物，若生产部门的生产函数采用恒替代弹性（Constant Elasticity of Substitution，CES）生产函数，同时假定企业追求利润最大化，那么出口品与内销品之间的关系可采用不变弹性的转换函数（Constant-Elasticity of Transformation，CET）表示。新古典结构主义 CGE 模型对进出口的这种假定所包含的经济含义是，对进口取消完全可替代性和产品的非竞争性两种极端假设，这是因为完全可替代性假设会夸大国际贸易政策对本国价格体系和生产结构的作用，意味着国产品和进口品之间不存在差异，即一种产品或进口，或出口，不能同时包含进口和出口。而实际中，许多发展中国家，一部门生产的产品由多种不同技术构成、不同水平、不同档次的产品聚合而成，因此，对于同部门产品中的有些产品必须进口，而另外一些则必须出口。与完全可替代性相反，产品的非竞争性则认为进口品是国产品的必要补充，这样一来，对外贸易政策变量如汇率、关税等对进口就失去了调节作用，这也不符合发展中国家的实际情况。故对于发展中国家来说，取消进口完全可替代弹性和非竞争性假设尤为必要。

用 CET 函数描述出口品和内销品之间的价格转换关系的假定为，认为本国是国际市场价格的吸收者而不是制定者，即本国出口品外汇表示的价格是外生给定的，在 CET 函数既定的结构下，出口量的大小与本国对外贸易政策密切相关。此外，新古典结构主义 CGE 模型还存在贸易平衡约束，贸易平衡量外生给定，国际收支平衡是通过实际汇率进行调节。当选取不同价格作为价格基准时，可能会存在实际汇率与名义汇率并不对应的问题。新古典结构主义 CGE 模型的特征在于其只描述了产品市场上重要关系之间的替代弹性，理论依然属于新古典理论。

3. 微观结构主义 CGE 模型

发展中国家的 CGE 模型大部分都是在新古典结构主义模型框架下建立的，同时增加微观结构主义特征，即增加对市场运行能力的约束。这就是微观结构主义 CGE 模型，其主要特征是假定工资和汇率固定。在 CGE 模型中，当价格固定时，就必须选择其他的均衡机制在系统中分配过量的需求。微观结构主义 CGE 模型与新古典结构主义 CGE 模型对工资的处理不同，这里假定工资固定，是因为，在发展中国家中，由于生产力水平不是很高，劳动力过剩等因素的影响，使得工资调节市场均衡的作用受到限制。因此，在微观结构主义 CGE 模型中，不考虑劳动力供给方程，使其始终满足劳动力需求，从而保证劳动力市场均衡。

微观结构主义 CGE 模型假定汇率外生给定，是考虑了大多数发展中国家经常面临外汇短缺的困难，潜在的进口需求始终大于最大出口能力，汇率的浮动并不能使国际收支达到平衡，需要通过新的均衡机制以达到平衡。由于发展中国家有些产品供给能力有限，实际需求始终大于供给，价格调整不能实现供求平衡，主要通过数量调节方式实现模型均衡。因此，微观结构主义 CGE 模型有时也假定产品价格外生给定。将微观结构主义的特征引入 CGE 模型之后，出现了一系列理论和实际方面的问题。一是固定某些价格（如工资、汇率），必须指出替代的调节机制和均衡变量。CGE 模型中固定价格都为固定的相对价格，故须指出对应的相对关系。二是确定新的约束最大化行为规则。由于价格固定，因此价格就不再是调节经济行为的信号，经济主体必须考虑新的行为方程。若采用定量配额制则必须考虑其"溢出效应"。三是考虑宏观理论依据。宏观理论与引入的微观结构之间的一致性问题也是必须考虑的问题。为了解决这一问题，人们引入了宏观结构主义 CGE 模型。

4. 宏观结构主义 CGE 模型

宏观结构主义 CGE 模型主要从储蓄与投资的均衡及宏观均衡机制和变量的选择方面对微观结构主义 CGE 模型进行补充改进。CGE 模型反映了经济系统中普遍联系和一般均衡的思想。在模型中通常包括产品市场均衡、要素市场均衡、政府预算均衡和国际收支均衡等多种均衡条件。正如 Dacaru（1959）证明的一般均衡模型存在过度识别的问题，按照这些均衡条件建立模型并不一定存在稳定、唯一的均衡解。因此，建立 CGE 模型时必须考虑宏微观相互作用和相互衔接的问题，也即模型的宏观均衡。宏观均衡是 CGE 模型中的一个重要问题。从宏观效应研究看，储蓄和投资一直是研究经济增长问题的核心问题。不同的宏观均衡规则都是围绕这两个因素设置的。

新古典闭合规则假定投资由储蓄决定，认为经济增长是由储蓄驱动的。Johnson 闭合规则假定经济增长的驱动力是投资，储蓄由投资决定，消费由储蓄的剩余决定。这两种假设，无须引入均衡变量，作为不同驱动力的投资和储蓄都是外生给定的。宏观结构主义 CGE 模型假定名义变量与实际变量存在非常强的联系，相对价格失去了其在新古典结构主义 CGE 模型中的作用，为实现宏观均衡，宏观结构主义 CGE 模型通常采用 Keynes 乘数效应和 Kalclonan 分配效应。

根据 Keynes 乘数效应，假定储蓄率固定，外生投资增加，从而收入水平和实际产出增加，导致储蓄因此增加，匹配更高水平的投资，在劳动力供给自动满足需求的假定下，必然引起更高水平的劳动力就业，实际工资率必然下降；又假定名义工资固定，选择价格总水平为宏观均衡变量，价格总水平上升会导致实际工资下降，从而使更多劳动力获得就业，产出因此增加，产生更多收入和储蓄，使得投资和储蓄达到平衡。若选择价格总水平为价格总指数形式，则名义工资可作为储蓄与投资均衡的宏观变量，实际工资可作为 Keynes 乘数过程的驱动因子。这就是 Keynes 乘数效应的原理，其核心是通过改变总需求来调节总供给，即总产出水平的增加过程伴随着实际工资的下降，也意味着 Keynes 扩张增加的同时减少了实际工资。为此，在产品市场和劳动力市场同时加入配额，这样 Keynes 乘数过程既驱动了储蓄与投资的均衡，同时也控制了宏观均衡机制。

按照 Kalclonan 分配效应，假定不同的经济人有不同的储蓄率，由于收入分配与宏观均衡之间具有潜在的重要关系，因此这种分配效应会通过假定某部门的提价规则而增强。假定企业以需定产，产出价格相对于非资本要素的价格是固定的，就业量通过固定系数与产出挂钩，由于名义工资固定，因此价格总水平又称宏观均衡变量，即通过价格总水平的变化实现储蓄与投资的均衡。如果是开放的经济环境，还会涉及贸易平衡的问题。即使假定贸易平衡的外汇币值固定，由于汇率的变化也会导致采用本国货币反映的贸易平衡数值变化，因此，为实现投资与储蓄的均衡机制，可以把实际汇率看作宏观均衡变量。

2.3.2 单国（区域）/多国（区域）静态 CGE 模型及单国（区域）/多国（区域）动态 CGE 模型

除了上述 CGE 模型分类之外，赵永等（2008）按照空间与时间因素对 CGE 模型进行了归类整理，认为 CGE 模型可以分为四种类型，单国（区域）静态 CGE 模型、单国（区域）动态 CGE 模型、多国（区域）静态 CGE 模型和多国（区域）动态 CGE 模型。其中典型代表性模型如表 2-6 所示。

表 2-6 单国（区域）/多国（区域）静态 CGE 模型及单国（区域）/多国（区域）动态 CGE 模型①

	静态 CGE 模型	动态 CGE 模型
单国（区域）	DMR（世界银行） ORANI（澳大利亚莫纳什大学） LHR（国际食物政策研究所） DRCCGE（中国国务院发展研究中心） PRCGEM（中国社会科学院数量经济与技术经济研究所）	MONASH（澳大利亚莫纳什大学） SCREEN（瑞士能源政策与经济中心）
多国（区域）	GTAP（美国普渡大学）	G-Cubed（澳大利亚国立大学） GTEM（澳大利亚农业与经济资源局） AIM（日本国家环境研究所和东京大学） IMAGE（荷兰公共健康与环境研究所） GREEN（经济合作与发展组织） WorldScan（荷兰经济政策分析局） MultiMod（国际货币基金组织）

① 赵永，王劲峰，2008. 经济分析 CGE 模型与应用[M]. 北京：社会科学文献出版社.

2.4　本 章 小 结

社会核算矩阵是用矩阵形式表示的国民账户体系。它包含了各类交易、经济流量等全面详细的信息，是反映国民经济系统各子系统之间相互关联的重要形式之一。社会核算矩阵的设计融合了经济学、会计学和数学等多学科知识与理论，属于交叉学科范畴。本章从社会核算矩阵的产生和发展的角度，即从国民账户体系到社会核算矩阵再到基于社会核算矩阵的宏观计量模型的角度，对社会核算矩阵源流发展过程中有代表性的相关理论进行了详细梳理。

第 3 章　社会核算矩阵的
编制与分析方法

3.1　社会核算矩阵的基本编制方法

编制社会核算矩阵的方法主要分为自上而下法和自下而上法两类。自上而下法是先确定宏观社会核算矩阵再做细化，旨在强调数据的一致性。自下而上法是先细化数据再汇总得到宏观社会核算矩阵，旨在强调数据的准确性。自上而下法一般根据已知的总量指标先构建宏观社会核算矩阵，以提供对宏观经济活动整体的总体描述。进行具体政策分析时，再对宏观社会核算矩阵进行分解，得到细化的社会核算矩阵。自上而下法的推崇者 Sadoulet et al. (1995) 认为，编制社会核算矩阵的起点应该是编制基于国民经济核算数据的高度集成化的社会核算矩阵框架。社会核算矩阵研究专家 Round 也赞同此观点，认为社会核算矩阵编制的最初依据应该是一个国家的国民经济宏观数据，可通过对生产活动与机构部门账户进一步细分以便更加深入详细地描述社会经济现实。自上而下法编制社会核算矩阵所需的总量数据来源可分为两类：一是一个国家或地区的国民账户资料；二是投入产出表。从国民账户出发编制社会核算矩阵，就是将国民账户中复式记账登录的每笔收支数据，在社会核算矩阵中相应行与列的位置登录一次。从投入产出表出发编制社会核算矩阵，是以投入产出表的数据和矩阵框架为基础，通过其他国民经济核算数据、住户收支调查数据、政府财政收支数据、进出口数据等完成社会核算矩阵数据填充。

在许多发展中国家，尤其是较为贫困的发展中国家，国民账户的核算结果存在较大误差，社会调查的结果通常能够提供更加真实可靠的信息。因此，较为贫困的发展中国家一般采用自下而上法编制社会核算矩阵。由此可见，自下而上法的起点是各种不同来源的详细数据，能够保证数据的准确性。这种方法在一定程度上可调整和改善国民账户的宏观核算结果。自下而上法的推崇者 Keuning et al. 认为，国民经济核算的宏观统计数据发布时间为每年年底或者次年年初，这就决定了这些统计结果所含信息的有限性。如果采用自下而上法编制社会核算矩阵，那么社会核算矩阵的结果可用于校验宏观统计数据，而不受制于宏观核算结果。由此发现的数据之间的不一致性可为国家统计部门提供非常重要的反馈信息。

总之，自下而上法属于归纳法，它从收集各类相关数据和信息开始，逐步向上集结，最后汇总得到总量数据；自上而下法类似于演绎法，它根据宏观核算数据对各个账户的总量指标加以控制，再逐步细化分解。选用哪一种方法取决于重视数据的一致性还是准确性，很多时候需要使用这两种方法的折中方法。[①] 在现实中，收集信息数据需付出相应成本，且受时间、人力、财力等因素限制，社会核算矩阵的编制过程难以达到完美。通常的做法是，尽可能收集各类统计数据，根据研究目的开展必要的社会调查获得相应的数据，然后通过社会核算矩阵平衡要求进行数据调整，这一过程中通常使用相应的社会核算矩阵平衡方法和技术。

3.2 社会核算矩阵的平衡与更新方法

一张社会核算矩阵表反映了一定时期内一个地区的社会经济系统，通过比较一个地区不同时期的社会核算矩阵表可以体现一个地区社会经济系统的变化。这种变化既有总量的变化也有结构的变化。这种结构的变化可

---

① 王其文，李善同，2008. 社会核算矩阵：原理、方法和应用[M]. 北京：清华大学出版社.

由社会核算矩阵的更新实现。万兴等（2009）通过更新不同社会核算矩阵系数，研究了产业结构、分配结构和消费结构的变化。范金等（2007）对投入产出表和社会核算矩阵更新方法进行了归类和比较评述。《社会核算矩阵和劳工账户手册》指出，综合社会核算矩阵以各种来源的统计为基础，包括行政来源、企业调查和户口调查。这有助于在账户和源数据本身中生成高质量的数据。社会核算矩阵更新及数据质量方面，Golan et al.（2000）使用供给侧信息估计非平稳社会核算矩阵系数。Robinson et al.（2001）使用交叉熵法更新和估计社会核算矩阵。Sancho 利用余弦函数估计社会核算矩阵参数。Planting（2004）研究了提高美国年度投入产出账户的及时性。Lahr（2004）研究了投入产出表更新的双比例法即 RAS 法。Rampa（2008）使用加权最小二乘法更新投入产出表。Lenzen（2009）开发了一种通用的迭代方法即 KRAS 法，它能够在相互冲突的外部信息和不一致的约束下平衡投入产出表和社会核算矩阵。Fernandez-Vasquez（2010）使用一种复合交叉熵法，它允许引入两种先验信息——在估计过程中包括两个可能的矩阵作为出发点。Diaz et al.（2011）研究了投入产出表系数包含不确定性因素的情况。Rodrigues（2014）提出了一种平衡统计经济数据的贝叶斯方法，尤其对于多区域投入产出模型。Go（2015）使用贝叶斯交叉熵法估计了社会核算矩阵-CGE 模型的系数。社会核算矩阵更新方面，万兴等（2010）对社会核算矩阵的不同更新方法进行了比较研究。陈荣虎（2011）提出了基于经济增长意义的社会核算矩阵更新模型。黄常锋（2013）研究了社会核算矩阵更新的交叉熵方法理论上的缺陷及其改进方法。

社会核算矩阵表是一个 $n \times n$ 阶方阵。矩阵中的元素记为 X_{ij}。将社会核算矩阵表的原始数据记为 $\overline{X}_{ij}$，相应的社会核算矩阵的矩阵表示法为

$$\overline{\boldsymbol{X}} = [\overline{X}_{ij}] \quad i=1,\cdots,n, j=1,\cdots,n$$

社会核算矩阵表遵循国民经济核算的借贷平衡原则，即每行的行和等于每列的列和，也即

$$\sum_i^n X_{ik} = \sum_j^n X_{kj} \quad (k = 1, \cdots, n)$$

一般采用原始数据建立的社会核算矩阵表，通常行列不平衡，即

$$\sum_i^n \overline{X}_{ik} \neq \sum_j^n \overline{X}_{kj} \quad (k = 1, \cdots, n)$$

因此，需对原始的社会核算矩阵表进行校正，使其满足社会核算矩阵的行列平衡原则，这一过程称为社会核算矩阵表的平衡。

3.2.1　社会核算矩阵的 RAS 法

RAS 法是平衡社会核算矩阵表的常用方法之一。它的基本原理是在已知行列目标总值的情况下，利用社会核算矩阵现有总值和目标总值的比例，反复迭代，使得最终社会核算矩阵行列总值达到目标数值。

可靠的行目标总值和列目标总值分别记为 Q_i^* 和 Q_j^*。该方法的基本步骤：第一步，从列的方面调整逼近。将原始社会核算矩阵表元素 $\overline{X}_{ij}^0$ 除以列总值，乘以列目标总值，以得到新元素 X_{ij}^1，$X_{ij}^1 = X_{ij}^0 \cdot \dfrac{Q_j^*}{\sum_i^n X_{ij}}$。第二步，将第一步得到的矩阵再从行方面逼近，方法类似第一步，得到新元素 X_{ij}^2，$X_{ij}^2 = X_{ij}^1 \cdot \dfrac{Q_j^*}{\sum_j^n X_{ij}}$。重复第一步和第二步，反复迭代，直到最后社会核算矩阵表的行列总数和已知的目标总值基本一致，误差在允许范围之内。RAS 法的矩阵法表示为

$$Q^1 = r_1 Q^0 s_1 = \mathrm{diag}\left[\frac{Q_i^*}{\sum_j Q_{ij}^0}\right]_{n \times n} \cdot Q^0 \cdot \mathrm{diag}\left[\frac{Q_j^*}{\sum_i Q_{ij}^0}\right]_{n \times n} \quad (3-1)$$

$$Q^2 = r_2 Q^1 s_2 = \mathrm{diag}\left[\frac{Q_i^*}{\sum_j Q_{ij}^1}\right]_{n \times n} \cdot Q^1 \cdot \mathrm{diag}\left[\frac{Q_j^*}{\sum_i Q_{ij}^1}\right]_{n \times n} \quad (3-2)$$

$$\vdots$$

$$Q^n = r_n Q^{n-1} s_n = \text{diag}\left[\frac{Q_i^*}{\sum_j Q_{ij}^{n-1}}\right]_{n \times n} \cdot Q^{n-1} \cdot \text{diag}\left[\frac{Q_j^*}{\sum_i Q_{ij}^{n-1}}\right]_{n \times n} \quad (3-3)$$

依此类推迭代，直至最后收敛。RAS 法的优点是利用矩阵元素间的比例系数进行平衡，适用于矩阵为非方阵的情形；缺点是目标总值必须固定，不能根据已知信息对社会核算矩阵表中的数据分别处理。

3.2.2 社会核算矩阵的最小二乘平衡方法

最小二乘法借鉴了计量经济学中参数估计方法的原理，在平衡约束条件下，这一思想的数学表达式如式(3-4)和式(3-5) 所示。

$$\min_{X_{ij}} z = \sum_i^n \sum_j^n (X_{ij} / \overline{X}_{ij} - 1)^2 \quad (3-4)$$

$$\text{s. t. } \sum_i^n X_{ik} = \sum_j^n X_{kj} \quad (k = 1, \cdots, n)$$

$$X_{ij} \geqslant 0 \quad (i = 1, \cdots, n; j = 1, \cdots, n) \quad (3-5)$$

具体展开式如式(3-6) 和式(3-7) 所示。

$$\min_{X_{ij}} z = (X_{11}/\overline{X}_{11} - 1)^2 + (X_{12}/\overline{X}_{12} - 1)^2 + \cdots + (X_{21}/\overline{X}_{21} - 1)^2$$

$$+ (X_{22}/\overline{X}_{22} - 1)^2 + \cdots + (X_{n1}/\overline{X}_{n1} - 1)^2 + (X_{n2}/\overline{X}_{n2} - 1)^2 + \cdots$$

$$+ (X_{nn}/\overline{X}_{nn} - 1)^2 \quad (3-6)$$

$$\text{s. t. } \sum_i^n X_{i1} = \sum_j^n X_{1j}, \sum_i^n X_{i2} = \sum_j^n X_{2j}, \cdots, \sum_i^n X_{in} = \sum_j^n X_{nj}$$

$$X_{ij} \geqslant 0, i = 1, \cdots, n; j = 1, \cdots n; \quad (3-7)$$

3.2.3 社会核算矩阵的交叉熵平衡方法

交叉熵法是在 Shannon（1948）的信息理论基础上提出来的，Jaynes（1957）将其应用于解决参数估计和统计推断问题。Robinson et al.（1998）首次将交叉熵法应用于社会核算矩阵的平衡问题。"熵"这一用法是借鉴信息经济学中的熵函数特征发展而来。在信息经济学中，信息熵用于测度某一消息带来的信息强度。例如，某一事件的先验概率分布为 $p = (p_1, p_2, \cdots, p_n)$，若一个信息传递之后，事件的后验概率分布变为 $s = (s_1, s_2, \cdots, s_n)$，那么这个信息的熵强度预期为

$$z = \sum_i^n s_i \log \frac{s_i}{p_i} \quad (0 \leqslant p_i \leqslant 1, 0 \leqslant s_i \leqslant 1, \sum_i p_i = 1, \sum_i s_i = 1)$$

交叉熵法按照是否考虑社会核算矩阵的列和与宏观控制总量是否包含随机因素分为确定性系数交叉熵法和随机性系数交叉熵法。系数交叉熵法优于直接交叉熵法之处在于，在初始社会核算矩阵中平均支出倾向系数矩阵中为 0 的元素，经过调整平衡之后的社会核算矩阵与此相对应的元素仍然为 0，这在一定程度上减少了误差。

3.3　基于社会核算矩阵的分析方法

关于社会核算矩阵的应用分析，1993 年国民经济核算体系表明，社会核算矩阵可对现有的基础数据进行有机整合，同时也可以为构建的模型提供数据基础，是政策分析工具之一。在已有的社会核算矩阵应用中，社会核算矩阵被用来进行经济结构特点、收入分配和住户部门间支出之间的关系研究。很明显，社会核算矩阵与国民经济账户联系紧密，而国民经济帐户往往仅关注单一要素（部门）作用。由此可见，与传统的帐户分析方法相比，社会核算矩阵在宏观经济整体及内部联系分析方面具有明显优势。社会核算矩阵通过设置不同账户反映宏观经济活动的各个方面，在宏观经济核算框架之下，可以分析宏观经济的整体结构、每一个部门的变动影响对其他账户的影响。

社会核算矩阵在实际建模应用中最主要的分析方法有两类。一类是基于自身建模的分析，即社会核算矩阵乘数模型。这类模型中蕴含着一些重要的假定，如价格固定、生产能力充裕和账户变量之间的线性关系等。社

会核算矩阵乘数模型是基于社会核算矩阵分析研究方法的基础和核心，能够揭示出一个社会经济体系蕴含的基本作用关系。另一类是社会核算矩阵为其他更复杂的宏观计量经济模型提供数据基础，最常用的模型为 CGE 模型。这类模型以非线性化的方程刻画社会核算矩阵所体现的社会经济关系，更贴近现实。相比较而言，CGE 模型克服了社会核算矩阵乘数模型中较强的线性假定，将社会经济变量间的非线性关系引入。但 CGE 模型也有其不足之处，即 CGE 模型也会引起非线性化，使其更加复杂且难以求解。

社会核算矩阵乘数模型分析最基本的假定是，经济体中的收入来自生产活动部门支付给要素的报酬。这些收入本质上都是经济主体的"注入"，正是这种"注入"引发了乘数效应并参与了增值过程。标准的 CGE 模型能够反映社会核算矩阵的所有支付记录。根据社会核算矩阵中要素的分类、活动、商品和机构部门，构建一个方程系统。方程系统的每个方程定义了不同的经济主体的经济行为，这些行为可通过固定的系数描述。对于生产和消费行为，可以采用非线性一阶最优条件描述，即生产和消费分别由收益和效用最大化决定。除此之外，还包括整个方程系统必须满足的一系列限制性条件，如包括市场和宏观经济总量的平衡方程。Lofgren（2002）指出，标准的 CGE 模型系统包括四个模块：价格模块、生产和贸易模块、机构部门模块和约束条件模块。

3.4 本章小结

社会核算矩阵作为一个数据框架体系，全面展示了一个国家或地区国民经济的运行状况，同时为生产结构、收入分配等经济体运行特征的分析提供了有力工具。因而，基于不同的社会经济背景，对应不同的社会核算矩阵，其基本结构也有所不同，故具体的社会核算矩阵编制方法也会有所不同。本章首先论述了社会核算矩阵初始矩阵编制的自下而上法和自上而下法两种编制方法；然后梳理了在数据来源不一致的情况下，社会核算矩阵平衡和更新的 RAS 方法、最小二乘法、直接交叉熵法和系数交叉熵法等经典方法；最后简单介绍了社会核算矩阵作为分析工具的常见分析方法，即最常用的社会核算矩阵乘数模型分析方法和 CGE 模型分析方法，为后文分析奠定理论方法基础。

第4章 "自筹为主，补贴为辅"的农村危房改造经济社会效应的社会核算矩阵分析

4.1 引　言

"十三五"期间脱贫攻坚的目标之一是农村贫困人口住房安全有保障。农村危房改造工程作为最直接的解决渠道，备受关注。李克强在第十三届全国人民代表大会的工作报告中特别指出，五年来，人民生活持续改善。脱贫攻坚取得决定性进展，棚户区住房改造2600多万套，农村危房改造1700多万户，上亿人喜迁新居。这既是对农村危房改造近年来取得成绩的认可，也强调了农村危房改造在"脱贫攻坚"项目中的地位。中国农村人口仍然占相当一部分比例，解决好农民住房问题，对维护社会稳定和谐有着重要作用。农村危房改造不仅能够解决农民所面临的住房问题，对经济也有刺激作用。高宜程（2013）得出中央农村危房改造投入对各界投资的带动系数为8～13，对就业也有带动作用。因此对农村危房改造的研究，具有很强的现实意义。

已有不少学者对农村危房改造进行了研究，章卫良（2012）从经济刺激和社会救助两个角度对农村危房改造进行了分析，得出采用社会救助政策更为合理。曹小琳（2015）对西部地区进行了调查，采用因子分析方法研究了危房改造效果的影响因素。裴慧敏（2015）调研了截至2014年年底的农村危房改造情况。张剑等（2017）从农村危房改造与可持续发展相关联的角度分析并提出应该完善社会保障体系，调整农村产业结构等建议。

综上所述，学者们主要从工作做法、政策实施效果及存在问题、影响因素、危房规模以及农村危房改造的进一步实施方案方面进行研究，但对农村危房改造在国民经济中的影响和传导机制的研究并不多。乘数分析和

结构化路径分析能够很好地分析出农村危房改造在经济中的传导机制及效果。本章通过乘数分析和结构化路径分析这两种方法考查以农户自我筹资为主的、作为"经济刺激"政策的农村危房改造对经济增长和人民生活的影响机理。

4.2 农村危房改造现状

2008 年，贵州省作为中国第一个农村危房改造试点，中央下拨 2 亿元资金，支持 4.33 万户贫困户进行危房改造；2009 年，财政部、住房和城乡建设部、国家发展和改革委员会联合开展了扩大农村危房改造试点工作，正式拉开了对农村贫困户危房大规模改造的序幕，中央下拨 40 亿元资金，支持 80 万户贫困户进行危房改造；2012 年，农村危房改造范围扩大到全国农村地区，安排 560 万户农村贫困户危房改造任务，农村危房改造工作由试点阶段转向全面实施。截至 2017 年年底，全国完成约 2500 万户贫困户的危房改造，中央下拨约 2076 亿元资金。图 4-1 所示为 2009—2017 年农村危房改造完成情况。

农村危房改造的重点补助对象是居住在危房中的农村分散供养五保户、低保户、贫困残疾人家庭和其他贫困户。图 4-1 显示，从 2009 年起，农村危房改造任务量和补助资金逐年扩大；2012 年扩大到全国农村地区，安排 560 万户农村贫困户危房改造任务；2015 年加大了用于地震高烈度设防地区农房抗震改造，补助资金和改造户数量有所增加。从 2015 年开始，每年改造户数在逐年减少。《住房城乡建设部 财政部 国务院扶贫办关于加强建档立卡贫困户等重点对象危房改造工作的指导意见》指出，确保 2020 年以前圆满完成 4 类重点对象危房改造任务。中央在加大任务量的同时，也提高了补助标准。2009 年开始中央补助标准为平均 5000 元每户；2011 年上调至平均 6000 元每户；2012 年全国范围开始改造时，将标准调整为平均 7500 元每户；2017 年开始，适当上调补助标准。

2009—2016 年，中央下拨的农村危房改造补助资金及其占保障性安居工程专项资金的比例如图 4-2 所示。从 2012 年开始，农村危房改造补助资金在整个保障性安居工程专项资金中的占比增加到 10％以上，说明国家对农村贫困户住房问题关注度在不断提高，农村危房改造政策提上日程。

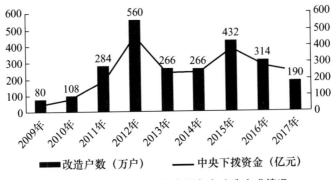

图 4-1　2009—2017 年农村危房改造完成情况

资料来源：财政部网站.

图 4-2　农村危房改造补助资金及其占保障性安居工程专项资金比例

资料来源：财政部网站.

4.3　农村危房改造社会核算矩阵编制

2012 年农村危房改造宏观社会核算矩阵的描述性结构与数据来源及说明如表 4-1 和表 4-2 所示。

表 4－1　2012 年农村危房改造宏观社会核算矩阵的描述性结构

	商品	活动	劳动力	资本	居民	企业	政府	银行	政府补贴	资本账户	国外	合计
商品		中间投入			居民消费		政府消费			固定资本形成+存货变动	出口	总需求
活动	总产出											总产出
劳动力		劳动报酬										要素收入
资本		营业盈余+固定资本折旧										要素收入
居民			劳动收入	资本收入		企业的转移支付	政府的转移支付	居民贷款	农村危房补贴		国外收益	居民总收入
企业				资本收入				企业贷款				企业总收入
政府	关税	生产税			个人所得税	企业所得税		政府贷款				政府收入
银行					居民存款	企业存款	政府存款				国外存款	总存款

续表

	商品	活动	劳动力	资本	居民	企业	政府	银行	政府补贴	资本账户	国外	合计
政府补贴							农村危房改造补贴					农村危房补贴
资本账户					居民储蓄	企业储蓄	政府储蓄	国外贷款			国外储蓄	总储蓄
国外	进口			国外资本投资收益								外汇支出
合计	总需求	总产出	要素收入	要素收入	居民总收入	企业总收入	政府收入	总贷款	农村危房补贴	总投资	外汇支出	

表4-2 2012年农村危房改造宏观社会核算矩阵的数据来源及说明

行	列	数 据 来 源	说 明
商品	活动	2012年投入产出表	中间投入
	居民	2012年投入产出表	居民消费支出合计
	政府	2012年投入产出表	政府消费支出合计
	资本	2012年投入产出表	固定资本形成＋存货变动
	国外	2012年投入产出表、海关进出口数据2012	服务贸易来源于2012年投入产出表、商品贸易来源于海关进出口数据2012
活动	商品	2012年投入产出表	总产出
劳动力	活动	2012年投入产出表	劳动者报酬合计
资本	活动	2012年投入产出表	营业盈余＋固定资本折旧
居民	劳动	2012年投入产出表	劳动者报酬合计
	资本	2012年资金流量表（实物部分）	2012年资金流量表（实物部分）对居民部门的财产收入核算，包括利息、红利和其他
	企业	列余量	列余量
	政府	2013年财政年鉴	政府对居民的转移支付来源于财政年鉴国家财政按功能性质分类财政支出中的社会保障和就业，住房保障性支出
	银行	2012年资金流量表	金融资产（金融资金流量表）的资金来源
	政府补贴	2013年财政部社会保障司文件：各级财政支持推进农村危房改造	根据文件中2012年各级政府对农村危房改造补贴金额得到
	国外	2012年国际收支平衡表	国外收益来源于国际收支平衡表经常转移中的其他部门净收益，贷方-借方，单位为万美元，需要换算，按2012年的汇率6.29
企业	资本	行余量	行余量
	银行	2012年资金流量表	金融资产（金融资金流量表）的资金来源

续表

行	列	数 据 来 源	说　　明
政府	商品	2012 年国家财政预算、决算收支总表	关税和进口增值税－出口退税
	活动	2012 年投入产出表	投入产出表中的生产税净额
	居民	2012 年国家财政预算、决算收支	统计表中的个人所得税（农村居民与城镇居民所得税划分：按照城乡居民收入比计算）
	企业	2012 年国家财政预算、决算收支	分行业分税种统计表中的企业所得税
	银行	2012 年资金流量表	金融资产（金融资金流量表）的资金来源
银行	居民	2012 年资金流量表	金融资产（金融资金流量表）的资金运用
	企业	2012 年资金流量表	金融资产（金融资金流量表）的资金运用
	政府	2012 年资金流量表	金融资产（金融资金流量表）的资金运用
	国外	2012 年资金流量表	金融资产（金融资金流量表）的资金运用
政府补贴	政府	2013 年财政部社会保障司文件：各级财政支持推进农村危房改造	根据文件中 2012 年各级政府对农村危房改造补贴金额得到
资本账户	居民	2012 年资金流量表（实物部分）	居民资本形成总额
	企业	2012 年资金流量表（实物部分）	企业资本形成总额
	政府	2012 年资金流量表（实物部分）	政府资本形成总额
	国外	2012 年资金流量表（实物部分）	国外净储蓄

续表

行	列	数 据 来 源	说 明
国外	商品	2012 年投入产出表、海关进出口数据 2012	服务贸易来源于 2012 年投入产出表、商品贸易来源于海关进出口数据 2012
	资本	资金流量表	国外投资者的投资收益来源于 2012 年资金流量表 (实物部分) 国外部门财产收入, 净收益: 来源-运用
	银行	2012 年资金流量表	金融资产 (金融资金流量表) 的资金来源

4.4 微观社会核算矩阵编制

4.4.1 商品和活动细化分类

结合《国民经济行业分类》、三次产业划分标准, 将商品和活动细分为 8 个部门, 见表 4-3。出于研究农村危房改造对经济影响的考虑, 将农村危房改造从建筑业分离, 作为一个独立的部门。

表 4-3 商品和活动部门细分

商品和活动	农、林、牧、渔业
	采矿业
	制造业
	电力、热力、燃气及水生产和供应业
	建筑业
	农村危房改造
	交通运输、仓储和邮政业
	其他服务业

除农村危房改造部门外, 其他 7 个部门: 将 2012 年 139 个部门的投入产出表归集为 7 个部门投入产出表, 整理投入产出表的数据得到。

中央在推进农村危房改造工作时采取了"试点先行、逐步扩展"的方式，2012 年扩大到全国农村地区。在全面实施农村危房改造的第一年，假设主要针对 D 级危房重建，因此在建筑业总产出中已核算农村危房改造产出，故将其作为独立部门时，直接在建筑业中做相应扣减。

农村危房改造部门总产出是政府农村危房改造补助资金及居民自筹、贷款、社会捐赠合计。据财政部统计，2012 年共安排农村危房改造补助资金 753.3 亿元，其中中央财政安排 445.7 亿元，省级财政安排 176.6 亿元，市、县级财政安排 131 亿元。当年共拉动银行贷款、农民自筹、社会捐赠等社会投资 1221 亿元。

建筑业部门总产出根据投入产出表整理数据扣除农村危房改造部门总产出得到。

4.4.2　商品和活动账户细分数值确定

商品行：除农村危房改造部门外，其他数据直接来源于整理的 7 部门投入产出表。

中间需求、居民消费、政府消费、固定资本和存货变动直接来自 7 部门投入产出表相应数据。

出口数据：海关总署货物进出口数据（HS 8）的分类数据，并且得到 HS 8 与投入产出部门行业分类对应表（找到的是 2007），将商品数据对应分类为 3 个行业，其他服务出口来自投入产出表对应部门。

农村危房改造的中间投入及要素投入核算，根据现行《建设工程项目管理规范》和《全国统一建筑工程基础定额编制说明》，建材投入 65%，其他杂费 5%，人工 30%。其他杂费中的水电费，由于农村危房改造工程一般为居民自建，不单独设置水表及电表，根据未单独设置水表及电表，使用现场搅拌混凝土的工程的水电费按定额实体项目与措施项目基价之和的 1.86% 结算,[1] 因此电力、热力及水的供应业,制造业,交通运输、仓储和邮政业的中间投入按上述比例计算。其他行业按照建筑业中的房屋建筑、建筑装饰与其他建筑服务的直接消耗系数计算。

商品列:大多数数据需要推算。

总产出:对应于投入产出表每一部门总产出,农村危房改造和建筑业总产出计算出的数值。

关税:按照 HS 8 位码统计的 2012 年进出口名义税率及增值税税率,汇总出与投入产出表部门相对应的名义税额。以进口额为结构参数,推算各行业的进口税。

进口:与出口计算相同。

活动列:大多数数据需要推算。

中间需求:同上。

劳动者报酬、资本收益:除农村危房改造部门外直接来源于投入产出表相应数据。

劳动力投入按照现行《建设工程项目管理规范》和《全国统一建筑工程基础定额编制说明》中的 30% 计算,资本投入按照建筑业中的房屋建筑、建筑装饰和其他建筑服务的直接消耗系数计算。

生产税:除关税外,其他来自分行业分税种税收核算表中对应数据。

4.4.3 银行账户细分

将农村危房改造贷款作为独立账户单列。

农村危房改造账户行:据财政部统计,2012 年共拉动银行贷款、农民自筹、社会捐赠等社会投资 1221 亿元。

---

[1] 河北省工程建设造价管理总站,2012. 全国统一建筑工程基础定额河北省消耗量定额:HEBGYD-A-2012[S]. 北京:中国建材工业出版社.(在未设置水电表的小的建筑工程中水电费的消耗较小,各省市差别不大,本文采用河北省的水电消耗量为代表进行计算)

银行账户行：来自 2012 年资金流量表金融交易部分各机构的存款，将农村危房改造贷款扣除。农村居民与城镇居民储蓄划分，按照 2012 年城乡储蓄存款余额中城镇与农村之比 0.8633：0.1367 划分。

农村危房改造账户列：数据同危房改造部门行。

银行账户列：贷款数据来自 2012 年资金流量表金融交易部分各机构的贷款，扣除农村危房改造贷款。农村居民贷款由《中国金融年鉴 2013》数据得到，总贷款减去农村危房改造贷款再减去农村居民贷款为城镇居民贷款。

4.4.4 居民部门细分

居民账户分为城镇居民账户和农村居民账户。

居民账户行：农村居民与城镇居民收入划分，按照 2012 年城乡居民收入比（统计年鉴，人民生活基本情况）进行划分，比值为 0.7563：0.2437。储蓄同银行账户列计算相同。

居民账户列：消费除农村危房改造部门，来源于 7 部门投入产出表，农村危房改造记固定资产投资，消费为 0。资本形成来源于 2012 年资金流量表农村与城镇居民资本形成。

政府补贴部门细分：将农村危房改造政府补贴分为中央政府补贴和省、市、县政府补贴。

政府补贴列：各级政府补贴依据财政部统计 2012 年共安排农村危房改造补助资金 753.3 亿元，其中中央财政安排 445.7 亿元，省级财政安排 176.6 亿元，市、县级财政安排 131 亿元。

政府补贴行：各级政府补贴均来自政府，数据同政府补贴列。

社会核算矩阵是一个综合的宏观经济数据框架，反映一定时期社会经济主体的各种经济关系。本章以 2012 年全国投入产出表为基础编制宏观社会核算矩阵，为细分的社会核算矩阵提供控制数字，见表 4 - 4。宏观社会核算矩阵中增设了银行部门，银行是金融领域中存款和贷款等综合数据的代表。由于在编制过程中不同账户的数据来自不同的统计资料，因此会出现账户的不平衡。本章采用最小二乘法调整得到平衡的社会核算矩阵。宏观表中的数据来源于统计年鉴、税务年鉴、财政年鉴、海关总署。

表 4-4　2012 年中国农村危房改造的宏观社会核算矩阵

单位:万亿元

	1 商品	2 活动	3 劳动力	4 资本	5 居民	6 企业	7 政府	8 银行	9 政府补贴	10 资本账户	11 国外	合计
1 商品		106.5			24.6		4.4			25.0	12.5	173.0
2 活动	160.2											160.2
3 劳动力		26.4										26.4
4 资本		19.9										19.9
5 居民			26.4	2.4		2.8	1.7	2.8	0.1		0.0	36.3
6 企业				17.3				9.2				26.4
7 政府	0.7	7.4			0.6	2.2						10.9
8 银行					4.9	5.2	2.1				0.1	12.2
9 政府补贴							0.1					0.1
10 资本账户					6.3	16.1	2.6					25.0
11 国外	12.1							0.3				12.6
合计	173.0	160.2	26.4	19.9	36.3	26.4	10.9	12.2	0.1	25.0	12.6	

本章主要分析农村危房改造对经济和收入分配的影响,因此在宏观社会核算矩阵的基础上构建了一个 20×20 阶的细化社会核算矩阵。各账户细化如下。①商品和活动账户,将 2012 年 139 个部门的投入产出表归集为 7 个部门投入产出表,并将农村危房改造从建筑业分离,作为一个独立的部门,最后共 8 个商品、活动部门。②居民账户分为城镇居民账户和农村居民账户。③政府账户将农村危房改造补贴作为独立账户。④银行账户将农村危房改造贷款作为独立账户。单独列出农村危房改造补贴和贷款,是为下文分析二者对经济的影响做好准备。最终细化的社会核算矩阵包括 20 个部门,表 4-5 给出了细化的社会核算矩阵部门及部门对应的编号。

表 4 - 5　细化的社会核算矩阵部门及部门对应的编号

部　　门	编号	部　　门	编号
农、林、牧、渔业	1	农户	11
采矿业	2	城镇	12
制造业	3	企业	13
电力、热力、燃气及水生产和供应业	4	银行	14
建筑业	5	农村危房改造贷款	15
农村危房改造	6	政府	16
交通运输、仓储和邮政业	7	农村危房改造中央补贴	17
其他服务业	8	农村危房改造省县级补贴	18
劳动	9	资本账户	19
资本	10	国外	20

　　对从建筑业中分离出来的农村危房改造账户及增设银行账户的核算做具体说明。中央在推进农村危房改造工作时采取了"试点先行、逐步扩展"的方式，2012年扩大到全国农村地区。在全面实施的第一年，假设主要针对 D 级危房重建，因此在建筑业总产出中已核算农村危房改造产出，将其作为独立部门时，直接在建筑业中做相应扣减，具体账户见表 4 - 6。①总产出（或总投入）为 2150.35 亿元。②中间投入和要素投入分别为 1428.05 亿元和 722.3 亿元。③中间需求、最终消费和资本形成按照房屋建筑、建筑装饰和其他建筑服务的直接分配系数计算。

　　表 4 - 7 所示银行账户中的储蓄与贷款数据来自 2012 年资金流量表金融交易部分各机构的存款和贷款，其中住户部门的储蓄为 58929 亿元，农村居民与城镇居民储蓄按照 2012 年城乡储蓄存款余额中城镇与农村之比 0.8633：0.1367 划分。住户部门贷款为 27724 亿元，其中农村危房改造贷款 1221 亿元，农村居民贷款 3779 亿元，总贷款减去农村危房改造贷款再减去农村居民贷款为城镇居民贷款。

表 4-6　农村危房改造账户　　　　　　　单位:亿元

投　入			产　出		
中间投入		1428.05	中间需求		176.05
要素投入	劳动	592.29	最终消费	居民需求	0
	资本	130.01		政府需求	0
政府生产税净额		0	出口		0
进口		0	资本形成		1974.30
合计		2150.35	合计		2150.35

表 4-7　银行账户　　　　　　　单位:亿元

收　入		支　出	
城镇居民储蓄	50873.41	城镇居民贷款	22724.00
农村居民储蓄	8055.59	农村居民贷款	3779.00
企业储蓄	52258.00	企业贷款	101945.00
政府储蓄	20587.00	政府贷款	0
国外储蓄	519.00	农村危房改造贷款	1221.00
		国外贷款	2624.00
合计	132293.00	合计	132293.00

4.5　乘数分析模型

社会核算矩阵乘数是衡量一个产业部门影响力的重要指标,它将整个经济中的所有部门放到一个统一的框架中进行分析,考虑了生产领域及收入的初次分配和再分配效应。社会核算矩阵中的账户分为内生账户和外生账户,可以通过基于社会核算矩阵的乘数分析方法来考察外生冲击对整个经济系统的影响。根据我们的研究目的,设定商品活动、要素和居民、企业、银行、农村危房改造贷款为内生账户,其他为外生账户。在 2012 年细化的社会核算矩阵的基础上求解平均支付倾向矩阵 A_n,A_n 为分块矩阵，如式(4-1) 所示。同时，定义分块矩阵 $A_{n'}$ 和 A^* 如式(4-2) 所示，根据式(4-3) 求解账户乘数，即总效应。式(4-4) 对账户乘数进行了分解，得到三项乘积。Stone (1978) 将式(4-4) 表达为相加的形式，如式(4-5) 所示，分解得到四部分，即初始注入矩阵 I、转移乘数矩阵 T、开环效应矩阵 O 及闭环效应矩阵 C。

$$A_n = \begin{pmatrix} A_{11} & 0 & A_{13} \\ A_{21} & 0 & 0 \\ 0 & A_{32} & A_{33} \end{pmatrix} \qquad (4-1)$$

$$A_{n'} = \begin{pmatrix} 0 & 0 & 0 \\ 0 & A_{22} & 0 \\ 0 & 0 & A_{33} \end{pmatrix}, \quad A^* = (I - A_{n'})^{-1}(A_n - A_{n'}) \qquad (4-2)$$

$$Y_n = (I - A_n)^{-1} X_n = M_a X_n \qquad (4-3)$$

$$M_a = (I - A^{*3})^{-1}(I + A^* + A^{*2})(I - A_{n'}) = M_{a3} * M_{a2} * M_{a1} \qquad (4-4)$$

$$M_a = I + (M_{a1} - I) + (M_{a2} - I)M_{a1} + (M_{a3} - I)M_{a2}M_{a1} = I + T + O + C \qquad (4-5)$$

转移乘数反映了内生账户内部通过直接转移产生的影响，包括生产部门和机构部门的直接转移情况。开环效应反映了外部注入某一账户时对其余账户产生的影响。闭环效应反映了外部注入在经济系统循环中带来对某一账户的影响。

4.6 投入产出乘数与社会核算矩阵乘数对比分析

八大产业部门的社会核算矩阵乘数和投入产出乘数见表4-8。由表4-8可以看出，基于投入产出表和社会核算矩阵计算出的乘数数值不相等，投入产出乘数小于社会核算矩阵乘数，且部分产业排序也有较大差异。农业部门的社会核算矩阵乘数排序为第一位，而投入产出乘数排序为最后一位。原因在于农业部门的多部门协作水平还是较低，在生产领域对其他部门的影响力较低，但是它在整个国民经济中的基础作用还是非常强大的，而且是劳动密集型产业，解决了大多数农村人口的就业问题，通过收入分配环节，在整个国民经济中影响还是巨大的。第二产业中的建筑业的社会核算矩阵乘数排序为第三位，投入产出乘数排序为第一位，二者排序都较高，主要是因为与其他部门关联度高，且建筑业也属于劳动密集型产业，能够增加较多的就业机会，对整个国民经济的带动作用较强。

表 4-8　八大产业部门的社会核算矩阵乘数和投入产出乘数

	社会核算矩阵		投入产出	
	乘数	位次	乘数	位次
农、林、牧、渔业	9.35	1	1.89	8
采矿业	7.51	8	2.49	6
制造业	8.86	4	3.47	2
电力、热力、燃气及水生产和供应业	8.15	6	3.14	4
建筑业	9.06	3	3.51	1
农村危房改造	9.26	2	3.15	3
交通运输、仓储和邮政业	8.50	5	2.85	5
其他服务业	7.55	7	2.17	7

农村危房改造行业的社会核算矩阵乘数和投入产出乘数排序都靠前，分别为第二位和第三位。投入产出乘数排序靠前表明在生产活动领域有较强的影响力。作为建筑业的一部分，农村危房改造拉动对建筑材料和家电等的需求，同时所需的建筑材料等有时候需要长途运输，这对运输业、仓储业也有较明显的促进作用。而且，农村危房改造还需要水电等投入，因此对其他行业有较强的带动作用。社会核算矩阵乘数排序靠前，表明农村危房改造行业对整个国民经济也有较强的拉动作用，农村危房改造行业除与其他行业关联度高外，其农房建设机械化程度低、劳动密集型特征显著，能提供大量的就

业机会，对带动就业、增加居民收入都有着较大的影响，在整个国民经济中有着重要的地位。

4.7 社会核算矩阵乘数分解分析

投入产出乘数和社会核算矩阵乘数从整体上分析了农村危房改造在经济中的地位。为了更好地分析其对产出、就业及居民收入分配的影响，采用点对点账户乘数进行分解分析。表 4-9 列出了农村危房改造行业增加 1 单位投资，对各产业账户、生产要素账户的影响。

表 4-9 各产业账户、生产要素账户受农村危房改造外来冲击的乘数分解情景

外来冲击	受影响终端	账户乘数	转移效应	开环效应	闭环效应
农村危房改造	农业	0.332	0.106	0.000	0.226
	采矿业	0.201	0.118	0.000	0.083
	制造业	2.355	1.394	0.000	0.961
	电力、热力、燃气及水生产和供应业	0.177	0.096	0.000	0.081
	建筑业	0.036	0.028	0.000	0.008
	交通运输、仓储和邮政业	0.178	0.095	0.000	0.083
	其他服务业	0.983	0.311	0.000	0.672
	劳动	1.020	0.000	0.587	0.433
	资本	0.610	0.000	0.314	0.296

对产业部门的产出影响中，开环效应全部为 0，因为投资作用的始点和终点均属于生产活动账户。表 4-9 显示，对应农村危房改造的 100 单位的外生投资，制造业部门的产出增加 235.5 单位，包含转移效应 139.4 单位，闭环效应 96.1 单位。这表明农村危房改造主要是通过直接转移对制造业产生影响。据《建设工程项目管理规范》，建筑工程建材直接投入占总投入的 65%。其他服务业产出增加 98.3 单位，包括转移效应 31.1 单位，闭环效应 67.2 单

位。闭环效应大于转移效应，说明农村危房改造对其他服务业的影响是通过投资在整个经济系统的循环实现的。对电力、热力、燃气及水生产供应业的总体影响为 17.7 单位，转移效应为 9.6 单位，闭环效应为 8.1 单位。对交通运输、仓储和邮政业的总体影响为 17.8 单位，转移效应为 9.5 单位，闭环效应为 8.3 单位。对于这两个行业，转移效应与闭环效应基本一致。

对就业及资本收入的影响中，转移效应全部为 0，因为投资作用的起点和终点分别属于生产活动账户和要素账户。对农村危房改造的 100 单位外生投资，劳动和资本要素收入分别增加 102 单位和 61 单位。对劳动要素的总体影响大于资本要素，主要是因为农房建设机械化程度低，需要雇用大量建筑工匠和小工，增加了对劳动力的需求。劳动总体影响中开环效应为 58.7 单位，闭环效应为 43.3 单位。资本总体效应中开环效应为 31.4 单位，闭环效应为 29.6 单位。开环效应大于闭环效应，说明农村危房改造对资本和劳动的直接带动作用大于该资金经过经济系统循环后的作用。

表 4-10 所示为农村危房改造业和建筑业对居民收入的影响。由表 4-10 可以看出，两部门对城镇居民收入影响大于对农村居民收入影响，而且两部门同时收到外来投资增加 100 单位，农村危房改造业对农村居民收入的影响比建筑业多增加 3.3 单位，城镇居民的收入则多增加 11.3 单位，说明农村危房改造业相对于建筑业对增加居民收入方面有更强的拉动作用。

表 4-10 农村危房改造业和建筑业对居民收入的影响

外来冲击	受影响终端	账户乘数	转移效应	开环效应	闭环效应
农村危房改造	农村居民	0.277	0.000	0.157	0.120
	城镇居民	0.964	0.000	0.547	0.417
建筑业	农村居民	0.244	0.000	0.138	0.106
	城镇居民	0.851	0.000	0.483	0.368

　　农村居民收到政府农村危房改造补贴和增加农村危房改造贷款时，对产业部门和居民收入的影响，见表4-11。对比二者，发现农村危房改造补贴和农村危房改造贷款对产业部门和居民收入的影响完全一致，说明无论是政府采取政府补贴的方式帮助农村低保、低收入户建房，还是帮助低保、低收入户贷款建房，对整个经济的刺激作用是相同的。农村危房改造补贴或农村危房改造贷款增加100单位，能够带动整个产业部门产出增加370.5单位，其中开环效应192.5单位，闭环效应178单位。开环效应较大，说明政府的补贴或贷款对生产活动的影响主要是通过对其产品的需求或投资引起的。对居民收入的影响，农村居民受到的影响大于城镇居民。农村居民总收入增加123.9单位，包括100.6单位转移效应和23.3单位闭环效应；城镇居民收入增加83.7单位，包括2.6单位转移效应和81.1单位闭环效应。对比得出对城镇居民收入的影响主要是通过资金在整个经济系统循环后产生的间接影响，而农村居民则是直接影响较大。

表4-11　农村危房改造补贴和贷款对产业部门和居民收入影响的对比分析

外来冲击	受影响终端		账户乘数	转移效应	开环效应	闭环效应
农村危房改造补贴	产业部门	农业	0.649	0.000	0.459	0.190
		采矿业	0.142	0.000	0.072	0.070
		制造业	1.661	0.000	0.852	0.809
		电力、热力、燃气及水生产和供应业	0.132	0.000	0.065	0.068
		建筑业	0.012	0.000	0.005	0.007
		交通运输、仓储和邮政业	0.136	0.000	0.066	0.070
		其他服务业	0.972	0.000	0.406	0.566
		合计	3.705	0.000	1.925	1.780
	居民收入	农村居民	1.239	1.006	0.000	0.233
		城镇居民	0.837	0.026	0.000	0.811

续表

外来冲击	受影响终端		账户乘数	转移效应	开环效应	闭环效应
农村危房改造贷款	产业部门	农业	0.649	0.000	0.459	0.190
		采矿业	0.142	0.000	0.072	0.070
		制造业	1.661	0.000	0.852	0.809
		电力、热力、燃气及水生产和供应业	0.132	0.000	0.065	0.068
		建筑业	0.012	0.000	0.005	0.007
		交通运输、仓储、邮政业	0.135	0.000	0.066	0.00
		其他服务业	0.972	0.000	0.406	0.566
		合计	3.703	0.000	1.925	1.780
	居民收入	农村居民	1.239	1.006	0.000	0.233
		城镇居民	0.837	0.026	0.000	0.811

4.8 结构化路径分析模型

基于社会核算矩阵的结构化路径分析法揭示了外生变化沿不同的路径对其他部门的影响作用，以及政策发生影响的机制和部门间的传导效应。Lantner et al. 通过将内生变量表达为外生变量的函数形式来刻画模型的解，揭示了外生变量对内生变量发生影响的路径和机制。拓扑学可以形象地描述结构化路径的基本思想，如图 4-3 所示。

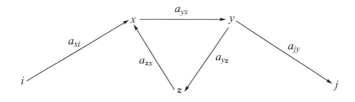

图 4-3 用拓扑学描述结构化路径

如图 4-3 所示，$i—x—y—j$ 是一条基础路径，$x—y—z—x$ 为回路。社会核算矩阵中，账户 i 受到外生的冲击，经过路径最终作用于账户 j，一般这种影响分为直接影响、完全影响和总体影响。

直接影响：除基础路径上的账户外，其他账户收入不变时，始结点沿基础路径作用于终结点产生的影响，当以 i、j 为端点的一条基础路径经过多个结点时，直接影响的值就等于构成该条路径的各段弧的强度的乘积，见式（4-6）。

$$I^{\mathrm{D}}_{(i,x,y,j)} = a_{xi} a_{yx} a_{jy} \qquad (4-6)$$

完全影响：给定一条基础路径 $i—x—y—j$，账户 i 对账户 j 的完全影响为该路径的直接影响与该路径结点所有回路产生的间接影响之和，可以转化为路径乘数与直接影响的乘积，见式（4-7）。

$$I^{\mathrm{T}}_{(i,x,y,j)} = I^{\mathrm{D}}_{(i,x,y,j)} M_p \qquad (4-7)$$

总体影响：反映了所有路径的总影响，数值上用乘数矩阵 M_a 中的元素表示，账户 i 对账户 j 的总体影响为账户乘数 $M_{a_{ij}}$。

上文采用乘数分析的方法分析了农村危房改造行业外来投资增加 100 单位，对产业部门、生产要素及居民收入账户的影响。本部分采用结构化路径分析法，分析外部注入 100 单位投资到农村危房改造部门或增加 100 单位农村危房改造贷款，资金沿怎样的路径传递到各个终点，具体见表 4-12。路径始端、终端、基础路径中的部门编号对应表 4-5。

表 4-12　农村危房改造结构化路径分析

路径始端	路径终端	总体影响	基础路径	直接影响	路径乘数	完全影响	传导比例
6	3	2.35	6—3	0.49	3.36	1.66	70.5%
			6—8—3	0.01	5.21	0.07	3.1%
			6—9—12—3	0.04	4.67	0.19	8.3%
	4	0.18	6—4	0.02	1.59	0.03	15.3%
			6—3—4	0.01	5.05	0.06	36.5%
			6—9—12—4	0.00	2.79	0.01	4.7%

续表

路径始端	路径终端	总体影响	基础路径	直接影响	路径乘数	完全影响	传导比例
6	7	0.18	6—7	0.03	1.29	0.04	20.9%
			6—3—7	0.01	4.01	0.05	30.4%
	8	0.98	6—8	0.09	1.92	0.17	17.5%
			6—3—8	0.04	5.21	0.21	21.5%
			6—9—11—8	0.01	2.38	0.03	3.0%
			6—9—12—8	0.08	2.50	0.20	20.2%
	9	1.02	6—9	0.28	1.65	0.45	44.5%
			6—3—9	0.04	4.33	0.17	16.9%
			6—8—9	0.02	2.35	0.05	5.1%
	10	0.61	6—10	0.06	1.12	0.07	11.1%
			6—3—10	0.04	3.51	0.15	24.6%
			6—8—10	0.02	1.97	0.04	7.2%
	11	0.28	6—9—11	0.06	1.68	0.10	37.3%
			6—3—9—11	0.01	4.39	0.04	14.1%
	12	0.96	6—9—12	0.21	1.82	0.39	40.5%
			6—3—9—12	0.03	4.67	0.14	15.0%
15	11	1.24	15—11	1.00	1.24	1.24	100.0%
	12	0.84	15—11—1—9—12	0.18	2.14	0.39	46.5%
			15—11—3—9—12	0.01	4.73	0.06	7.1%
			15—11—8—9—12	0.04	2.53	0.10	11.7%

由表4-12可以看出，100单位的外生投资注入农村危房改造账户，将使得制造业总产出提高235单位。路径分析结果表明，在传导总体影响比重较大的3条路径中，通过最直接路径"农村危房改造—制造业"所传导的总体影响比例为70.5%，说明通过投资农村危房改造可以直接带动制造业的发展，这与实际相符。农村危房改造行业需要较大量的建材投入，如砖块、水泥、钢材、砂石、门窗、电器等均直接来源于制造业。

对电力、热力、燃气及水生产和供应业及交通运输、仓储和邮政业的总体影响相同，均为0.18，在传导总体影响比例较大的几条路径中，以制造业作为中介结点的路径对总体影响的传导比例较大。通过制造业传导到电力、热力、燃气及水生产和供应业的总体影响比例为36.5%，大于直接路径的15.3%。通过制造业传递到交通运输、仓储和邮政业的总体影响比例为30.4%，大于直接路径的20.9%。说明农村危房改造行业的投入，对电力、热力、燃气及水生产和供应业，交通运输、仓储和邮政、燃气及水生产和供应业有一部分直接带动作用，但是主要还是通过带动制造业的发展，进而带动这两个行业的发展。这主要是因为，在房屋建筑过程中虽然需要电力、热力、燃气及水生产和供应业，交通运输、仓储和邮政业的投入，但据《建设工程项目管理规范》，只有5%的投入，直接投入较小，因此对这两个行业的直接带动作用较小。而建材的投入较多，建材的制造加工需要大量电力、热力、燃气及水生产和供应业，交通运输、仓储和邮政业的投入，因此间接带动了这两个行业的发展。

对其他服务业的总体影响为0.98，其中总体影响的44.7%是通过非直接路径传导的，其中传导性能较好的两条路径为"农村危房改造—制造业—其他服务业"和"农村危房改造—劳动—城镇居民—其他服务业"，分别传导了总体影响的21.5%和20.2%。

对于就业及资本账户的分析，结构化路径分析可以帮助识别不同部门就业增加的幅度。表4-12显示，农村危房改造增加100单位，就业能够增加102单位，其中有44.5%是由农村危房改造本部门直接带动的，农房建筑有建筑面积小、高度低、对机械的需求较低的特点，而且主要是依靠农民自建，对劳动力需求较大。同时通过制造业部门带动就业增加16.9%，其他服务业部门就业增加5.1%。对资本要素的影响通过路径分析，除直接路径传导11.1%外，主要是通过制造业带动的，带动资本收入增加24.6%。

对居民收入账户的影响，对城镇居民收入的影响大于农村居民收入的影响。产业部门对居民的影响是通过要素来影响的，没有直接路径。而在要素报酬分配中，城镇居民收入要大于农村居民收入。对城镇居民的影响路径主要有两条："农村危房改造—劳动—城镇居民""农村危房改造—制造业—劳动—城镇居民"。从影响路径看出，农村居民从农村危房改造中直接获得收入占 37.3%，城镇居民占 40.5%。通过制造业作为中介结点，农村居民的收入增加 14.1%，城镇居民增加 15%。

农村危房改造贷款对农村居民收入的影响全部由直接路径传导。对城镇居民收入的影响主要是通过以下三条路径传导："农村危房改造贷款—农户—农业—劳动—城镇居民""农村危房改造贷款—农户—制造业—劳动—城镇居民""农村危房改造贷款—农户—其他服务业—劳动—城镇居民"。三条路径共传导了总体影响的 65.4%，其中第一条路径传导了总体影响的 46.5%，这说明农村危房改造贷款给农民后，带动了农业的发展，经收入初次分配后对城镇居民收入产生影响

4.9 结 论

自农村危房改造工程实施以来，截至 2017 年年底，全国完成约 2500 万户贫困人口的危房改造，中央下拨资金约 2076 亿元，使得上千万贫困居民住有所居。本章通过乘数分析和结构化路径分析对农村危房改造在国民经济中的地位及运行机制做了详细分析，得出如下结论。

第一，通过社会核算矩阵乘数和投入产出乘数分析得出，农村危房改造无论是在生产领域还是在整个国民经济中都占有重要地位，在八大产业分类中，其社会核算矩阵乘数和投入产出乘数分别排在第二位和第三位。

第二，通过"点对点"账户乘数分析法得出，农村危房改造对产业部门的影响中，对制造业影响最大，且主要是通过直接转移作用影响的；对于其他产业则是间接作用较大，如其他服务业，电力、热力及水的供应业，

交通运输、仓储和邮政业等闭环效应较大。对要素收入的影响中，对劳动要素收入的拉动作用远大于资本要素收入的拉动，即对就业拉动作用较大。对城镇居民收入的影响大于农村居民。通过对比分析建筑业与农村危房改造业对居民收入的影响发现，农村危房改造业在增加居民收入方面的作用大于建筑业。通过对比农村危房改造补贴和贷款对产业部门和居民收入的影响得出，政府无论是采用补贴还是帮助贫困农户贷款，对经济的刺激作用都是相同的。

第三，通过结构化路径分析得到，农村危房改造对制造业的影响主要是通过直接路径传递的，而对其他产业则主要是通过制造业这个中介结点传递的，即农村危房改造主要是通过制造业来带动其他产业发展的。对就业的影响，一部分是农村危房改造直接带动的，另一部分则是间接带动了制造业部门的就业。对资本要素的影响主要是通过制造业传导的。对城镇居民主要通过"农村危房改造—劳动—城镇居民"和"农村危房改造—制造业—劳动—城镇居民"这两条路径传导。制造业是连接农村危房改造与其他产业、生产要素及居民的枢纽，在整个农村危房改造中占据主要地位。

农村危房改造贷款对农村居民的影响是通过直接路径传递，而对城镇居民的影响则主要通过"农村危房改造贷款—农户—农业—劳动—城镇居民""农村危房改造贷款—农户—制造业—劳动—城镇居民"及"农村危房改造贷款—农户—其他服务业—劳动—城镇居民"这三条路径传递的，因此为保证农村危房改造贷款对城镇居民的收入影响不受损失，应该保证生产活动、收入初次分配、再分配环节紧密联系。

4.10 本 章 小 结

本章采用基于社会核算矩阵的乘数分析和结构化路径分析模型分析了农村危房改造的经济地位和对产业、居民收入及就业的影响。乘数分析得出农村危房改造在整个国民经济领域占有重要地位，对各个产业、居民收入及就业都有拉动作用，尤其是制造业和劳动收入；同时得出农村危房改造补贴和贷款对产业和居民收入的影响是一致的。结构化路径分析得出，农村危房改造对制造业和劳动收入的直接路径影响较大，而对于其他产业和城镇居民收入主要是通过以制造业为中介结点的路径传导的。农村危房改造贷款对农户的影响是直接传导的，而对城镇居民则是经过整个经济循环后影响的。

第5章 多区域农村危房改造经济社会核算编制研究

5.1 引　言

政策冲击通常通过多种路径实现对经济活动的影响，要了解这些政策对经济活动的影响路径，必须要有一张清晰地描绘各经济主体间因何种交易目的进行何种交易的图像。国民经济序列账户涵盖了如产出、收入分配、资本形成、金融交易等大量信息，但在反映"从哪里来到哪里去"的部门间交易方面略有不足。社会核算矩阵是反映一国（地区）经济中各种交易联系的最佳方式。多区域社会核算矩阵在社会核算矩阵的基础上同时考虑地区因素，用于分析地区与地区之间各种交易联系。近年来，不平衡是世界经济发展的一大突出特征，发达国家与发展中国家之间存在不平衡，发展中国家与发展中国家之间也存在不平衡，国内各省份之间的发展也不平衡。要找出这些不平衡的原因，编制多区域社会核算矩阵尤为必要。美国 EMSI（2017）编制了 EMSI 多区域社会核算矩阵。Li et al.（2005）曾编制了中国三区域社会核算矩阵。

在一个开放的宏观经济系统中，任何一项政策的实施都会对经济活动的各个方面产生影响。农村危房改造政策是中央为解决农村最贫困农户住房安全问题的重要战略部署之一，自实施以来一直备受关注。由于中国地域广阔，各地区经济社会发展水平存在着不平衡性，各地农村危房改造中央财政补助也有所不同。鉴于此，本章在社会核算矩阵行业分类中加入危房改造行业，编制中国四地区农村危房改造–经济–社会核算矩阵，并探讨其平衡方法。编制完成的平衡的农村危房改造–经济–社会核算矩阵可以处理大量数据，可以用于对农村危房改造的相关问题进行深刻分析。

5.2　文　献　综　述

社会核算矩阵是以矩阵形式反映的国民经济核算体系。从哲学的角度来看，平衡是相对特定的时间、空间而言的，社会核算矩阵就是建立一个对象封闭的经济系统，在限定的时间和空间内，反映经济运行中的内在平衡关系；从经济学的角度来看，每一笔收入都有其相对应的支出，每一笔资产都有其相对应的负债，这一定律对于经济学，就像能量守恒定律对于物理学一样；从统计核算的角度来看，矩阵式平衡表是账户式平衡表的综合形式。统计平衡表有三种形式，矩阵式平衡表是核算的高级形式，具有定格放大的功能，提供了用于合成和显示数据的静态框架。

关于矩阵核算的历史可以追溯到很早之前，1968 年国民经济核算体系的核算结构就是建立在涵盖整个社会经济体系的矩阵基础之上阐述的。但学术界公认的第一个全国层面的社会核算矩阵是 20 世纪 60 年代 Stone（1962）和其研究团队建立的英国多部门社会核算矩阵，此社会核算矩阵表为后来的经济模型分析提供了数据基础，Stone 因此被誉为"伟大的社会核算矩阵建筑师"。此后，英国著名发展经济学家 Seers 建立了一个更为全面和综合的宏观–微观数据框架，并在 20 世纪 70 年代由他主持的"世界劳工项目"中的多个课题实践中对社会核算矩阵框架进行了调整和完善。Pyatt et al.（1979），Defourny et al.（1984）、Pyatt（1991）、Adelma et al.（1991）、Round（1991）、Golan et al.（2000）、Robinson et al.（2001）等在社会核算矩阵的理论基础、框架结构、乘数分解、关联分析、数据处理方面取得了全面的进展。在地区社会核算矩阵研究方面，Pyatt et al.（1985）研究了地区间社会核算矩阵的编制方法，包括将总体层面的社会核算矩阵分解为含有区域因素的社会核算矩阵和将两区域或者更多区域的社会核算矩阵整合到统一的框架中。Kuhar et al.（2009）认为，编制区域社会核算矩阵需要有区域投入产出表和其他有关区域层面的数据作为支撑。编制全国或区域社会核算矩阵的数据来源通常是全国或区域投入产出表及其他统计资料。Crapuchettes et al.（2017）详细研究了多区域社会核算矩阵建模。

国际标准方面，随着基础性工作的推进，许多组织开始关注社会核算矩阵的核算思想，联合国统计委员 1993 年国民经济核算体系在对 1968 年国民经济核算体系加以补充和修订的基础上，首次对社会核算矩阵的核算方法进行了系统论述。2008 年国民经济核算体系进一步提出了扩展和细化的社会核算矩阵。

社会核算矩阵在国内的发展起步比较晚，但在 20 世纪 90 年代后取得了快速的发展。社会核算矩阵的编制工作主要由国务院发展研究中心发展战略和区域经济研究部负责。中国经济的社会核算矩阵研究小组（1996）以 1987 年的投入产出表为基础编制了中国第一张社会核算矩阵表。翟凡等（1996）基于中国 1992 年的投入产出表建立了中国 1992 年的社会核算矩阵，并采用静态模型研究了关税减让和国内税替代政策对社会经济产生的影响。据资料显示，至目前为止中国已编制了 1987 年、1990 年、1992 年、1995 年、1997 年、2000 年和 2007 年等 7 个不同年度的社会核算矩阵。

由于不同来源的统计数据的统计口径存在差异，以及部分缺失数据需采用估算的方法实现等原因，因此编制的初始社会核算矩阵并非平衡的社会核算矩阵。关于社会核算矩阵的平衡问题方面，国内外学者提出了多种方法，如 Miller et al.（1985）使用 RAS 法编制了地区间投入产出表，再如 Schneider et al.（1990）的 RAS 法，Golan 等（1994、2000）的交叉熵法和极大似然估计法，Golan et al.（1996）的三权重交叉熵法，Robinson et al.（2001）对比研究了传统 RAS 法与随机型的交叉熵法，Jackson et al.（2004）的加权绝对值法，Junius et al.（2003）、Lemilin（2009）等的

GRAS 法，王韬等（2012）的 SG-RAS 法和 SG-CE 法，涂涛涛等（2012）的最小二乘交叉熵法，黄常锋（2013）的离差熵平方期望最小化法，何志强等（2018）的 GRAS 法的改进等。

综上所述，国内外关于多区域社会核算矩阵编制研究的并不是很多。尤其在国内，大多数为基于某一问题的中国社会核算矩阵编制，或者是基于某一区域的区域社会核算矩阵，多区域社会核算矩阵编制并不多。平衡方法方面，国内外研究社会核算矩阵平衡方法大多侧重于方法本身，对结合实际编制社会核算矩阵并对其进行若干平衡方法平衡质量比较的较少。本章借鉴前人研究经验，结合中国农村危房改造的实际情况，编制中国四地区农村危房改造-经济-社会核算矩阵。平衡方法方面，在三权重交叉熵法的基础上构建七权重交叉熵法。采用传统的 RAS 法、最小二乘法、三权重交叉熵法和七权重交叉熵法，对编制的 2016 年中国四地区农村危房改造-经济-社会核算矩阵进行平衡，并通过平衡质量评价指标评价四种方法的平衡质量。

5.3 多区域农村危房改造-经济-社会核算矩阵的结构

5.3.1 农村危房改造-经济-社会核算矩阵的结构

农村危房改造是优先帮助最危险、经济最贫困农户，解决最基本的住房安全问题，就地、就近重新翻建住房。就建造过程来说农村危房改造属于建筑业，改造完成后的住房服务属于房地产业。为了研究农村危房改造政策效果，本章将定义一个危房改造行业部门，同时为准确反映农村危房改造的作用效果，按照与农村危房改造相关性大小将农村危房改造-经济-社会核算矩阵的行分为 14 个账户，相应的列也分为同样的 14 个账户，分别为活动、商品、劳动要素、资本要素、危房补贴、危房贷款、资本、农村住户、城镇住户、政府、企业、银行、区域外和国外。在社会核算矩阵中，要求每一个账户的购买、支出或者货币流等支出流在其他账户必须有相应销售、收入或货币流等收入流作为对应登录项。矩阵的行方向记录相应账户的收入，列方向记录相应账户的支出。按照任何收入都应有相应支出的国民经济核算基本原则，社会核算矩阵的每一账户行方向的收入合计与其列方向的支出合计应相等。

5.3.2 多区域农村危房改造-经济-社会核算矩阵的结构

中国幅员辽阔，各个省、自治区、直辖市的地理环境及资源禀赋各有差异，经济发展质量、人民生活水平存在显著不同。为了促进各地区社会经济平衡发展，仅从全国平均水平出发决策会导致政策制定存在片面性。从各地区社会经济主体之间的联系出发分析，更有利于规划地区经济协调平衡的充分发展，也有利于国家层面的平衡充分发展。构建多区域社会核算矩阵，可以全面反映各区域内、区域间社会经济系统的循环过程。为了研究不同区域社会经济发展中农村危房改造政策效果问题，本章将全国 30 个省（自治区、直辖市）按照我国经济区域的划分规则，划分为四大经济地区，分别为东北地区、东部地区、西部地区和中部地区。四地区农村危房改造-经济-社会核算矩阵在表 5-1 的基础上引入四大地区。根据地区间经济贸易的实际情况，在农村危房改造-经济-社会核算矩阵中建立四大地区部门与其他部门之间的联系（表 5-2），将表 5-1 中活动、商品、要素、危房补贴和危房贷款账户拆分为表 5-2 中的地区账户，其余账户依然为总体账户保持不变，即为本章构建的四地区农村危房改造-经济-社会核算矩阵。四地区间交易流量主要体现为区域间中间投入。对于最终产品，仅对区域内产品用途做了详细划分，分为资本形成总额和最终消费。对于区域间流入流出及国外流入流出，因本章研究的农村危房改造与进出口关系不大，为处理方便，不单独设置进口账户和出口账户，仅设置净出口账户，若净出口账户数值为负数，即为进口，反之为出口。流入本区域外且国内的最终产品统一作为区域间净流出处理，流入国外的产品无论其用途如何均作为净出口处理。

表 5－1　农村危房改造-经济社会核算矩阵结构

	活动(1)	商品(2)	要素(3)		危房补贴(4)	危房贷款(5)	资本	住户		政府	企业	银行	区域外	国外
			劳动	资本				农村	城镇					
活动 (1)		总产出 (10×10)												
商品 (2)	中间投入 (10×10)						资本形成总额	居民消费	居民消费	政府消费			区域间净流入	净出口
要素 (3) 劳动	劳动者报酬 (1×10)													
要素 (3) 资本	资本收益 (1×10)													
危房补贴 (4)										危房补贴				
危房贷款 (5)												危房贷款		
资本					危房补贴	危房贷款		个人投资	个人投资	政府投资	企业投资			
住户 农村			劳动报酬	投资收益						转移支付	转移支付	个人贷款		
住户 城镇			劳动报酬	投资收益						转移支付	转移支付	个人贷款		

续表

	活动(1)	商品(2)	要素(3) 劳动	要素(3) 资本	危房补贴(4)	危房贷款(5)	资本	住户 农村	住户 城镇	政府	企业	银行	区域外	国外
政府	生产税净额(1×10)	关税(1×10)						经常税	经常税		企业直接税			
企业				投资回报										
银行				投资回报				居民储蓄		政府储蓄	企业储蓄	企业贷款		国外储蓄
区域外														
国外				国外投资收益								国外贷款		

表 5 - 2 农村危房改造地区账户

		东北 活动(1)	东北 商品(2)	东北 要素(3)	东北 危房补贴(4)	东北 危房贷款(5)	东部 活动(1)	东部 商品(2)	东部 要素(3)	东部 危房补贴(4)	东部 危房贷款(5)	中部 活动(1)	中部 商品(2)	中部 要素(3)	中部 危房补贴(4)	中部 危房贷款(5)	西部 活动(1)	西部 商品(2)	西部 要素(3)	西部 危房补贴(4)	西部 危房贷款(5)
东北	活动(1)		C																		
	商品(2)	A					B					B					B				
	要素(3)	D					D					D					D				
	危房补贴(4)	E					E					E					E				
	危房贷款(5)																				

续表

		东北					东部					西部					中部				
		活动(1)	商品(2)	要素(3)	危房补贴(4)	危房贷款(5)	活动(1)	商品(2)	要素(3)	危房补贴(4)	危房贷款(5)	活动(1)	商品(2)	要素(3)	危房补贴(4)	危房贷款(5)	活动(1)	商品(2)	要素(3)	危房补贴(4)	危房贷款(5)
东部	活动(1)																				
	商品(2)	B					A	C				B					B				
	要素(3)	D					D					D					D				
	危房补贴(4)	E					E					E					E				
	危房贷款(5)																				
西部	活动(1)																				
	商品(2)	B					B					A	C				B				
	要素(3)	D					D					D					D				
	危房补贴(4)	E					E					E					E				
	危房贷款(5)																				
中部	活动(1)																A				
	商品(2)	B					B					B					A	C			
	要素(3)	D					D					D					D				
	危房补贴(4)	E					E					E					E				
	危房贷款(5)																				

注：A表示区域内中间投入；B表示区域间中间投入；C表示地区总产出；D表示劳动者报酬；E表示资本收入。

考虑到农村危房改造的"自筹为主，补助为辅"政策的特殊性，本章将银行从企业部门中分离出来单列，其余金融机构和非金融机构统一归入企业部门处理。危房补贴账户和危房贷款账户仅记录政府和银行对本区域的补贴和贷款情况，没有区域间流量（如东部地区政府对西部地区危房改造没有补贴，西部地区危房住户没有向东部地区银行贷款的情况），故政府账户和银行账户没有区分地区。考虑到农村危房改造带动当地就业的政策特性，即本地区农村危房改造工程仅提供岗位给本地区劳动力，因此要素账户收入没有区域间流量。

四地区农村危房改造-经济-社会核算矩阵遵循收入等于支出的国民经济核算基本原则。在农村危房改造-经济-社会核算矩阵中，供给方（活动、商品、要素和企业账户）购买中间投入和生产要素，产品生产出来的同时实现了增加值，然后一部分产品作为最终消费品销售给住户和政府，一部分产品作为投资品进入资本账户、区域间净流出和净出口至国外。这一过程中获得的收入分别支付给生产要素报酬、区域间净流出、税收和净出口。显然，四地区农村危房改造-经济-社会核算矩阵根据经济社会的复杂联系，通过生产、要素和机构部门之间的经济交易活动，建立了综合一致的经济核算框架。在这一框架中，国民经济核算的原则、方法得以体现，政府收支、投资储蓄、区域间贸易和进出口贸易得到平衡。

5.3.3 多区域社会核算矩阵的数学描述

记 t 为多区域社会核算矩阵的交易流量矩阵，t_{ij} 是账户 j 支付给账户 i 的收入，y_i 是账户 i 的总收入或者总支出，A_{ij} 是多区域社会核算矩阵系数矩阵。按照国民经济核算收入与支出恒等的原理，多区域社会核算矩阵的数学模型为

$$y_i = \sum_j t_{ij} = \sum_i t_{ij}$$

$$A_{ij} = \frac{t_{ij}}{y_i}$$

$$\sum_i A_{ij} = 1 \qquad\qquad (5-1)$$

5.4 社会核算矩阵平衡方法与平衡质量评价

社会核算矩阵平衡方法有多种，比较经典的方法有 RAS 法、交叉熵法、最小二乘法等。本章讨论传统的 RAS 法、最小二乘法、三权重交叉熵法及本章构建的七权重交叉熵法在平衡多区域农村危房改造-经济-社会核算矩阵中的优劣。

5.4.1 RAS 法与最小二乘法

矩阵法表示如式(5-2) 所示，其中，上标"*"表示给定的行和与列和的目标数值，r_n 表示行乘数，S_n 表示列乘数。

$$T^1 = r_1 T^0 s_1 = \mathrm{diag}\left[\frac{t_i^*}{\sum_j t_{ij}^0}\right]_{n\times n} \cdot T^0 \cdot \mathrm{diag}\left[\frac{t_j^*}{\sum_i t_{ij}^0}\right]_{n\times n}$$

$$T^2 = r_2 T^1 s_2 = \mathrm{diag}\left[\frac{t_i^*}{\sum_j t_{ij}^1}\right]_{n\times n} \cdot T^1 \cdot \mathrm{diag}\left[\frac{t_j^*}{\sum_i t_{ij}^1}\right]_{n\times n}$$

$$\vdots$$

$$T^n = r_n T^{n-1} s_n = \mathrm{diag}\left[\frac{t_i^*}{\sum_j t_{ij}^{n-1}}\right]_{n\times n} \cdot T^{n-1} \cdot \mathrm{diag}\left[\frac{t_j^*}{\sum_i t_{ij}^{n-1}}\right]_{n\times n} \quad (5-2)$$

最小二乘法的基本思想是在社会核算矩阵表平衡限制条件下，通过最小化离差平方和的思想获得平衡的社会核算矩阵表。这一思想的数学表达式如式(5-3) 所示。

$$\min_{T_{ij}} z = \sum_i^n \sum_j^n (t_{ij} - \bar{t}_{ij})^2 \quad (5-3)$$

$$\mathrm{s.t.} \quad \sum_i^n t_{ik} = \sum_j^n t_{kj} \quad (k=1,\cdots,n)$$

$$t_{ij} \geqslant 0 \quad (i=1,\cdots,n; j=1,\cdots n)$$

5.4.2 随机交叉熵法

1. 交叉熵法的思想

Robinson et al. (2001) 将交叉熵法推广应用到社会核算矩阵的更新与平

衡中。交叉熵法的基本思想是寻找新的社会核算矩阵系数矩阵 $\boldsymbol{A}$，使得它与初始社会核算矩阵系数矩阵 $\overline{\boldsymbol{A}}$ 之间的交叉熵最小，以得到最终平衡的社会核算矩阵 $\boldsymbol{T}$。用数学公式描述如式(5-4) 所示。

$$\min\left[\sum_i\sum_j A_{i,j}\ln\frac{A_{i,j}}{\overline{A}_{i,j}}\right]=\min\left[\sum_i\sum_j A_{i,j}\ln A_{i,j}-\sum_i\sum_j A_{i,j}\ln\overline{A}_{i,j}\right] \quad (5-4)$$

$$\text{s. t.}\quad \sum_j A_{i,j}\cdot y_j^*=y_i^*$$

$$\sum_i A_{i,j}=1$$

$$0\leqslant A_{i,j}\leqslant 1$$

在社会核算矩阵中，列和具有非常重要的总量控制信息，如计算社会核算矩阵的平均支出倾向系数、乘数分析和路径分析等，都与列和信息密切相关。为精确起见，处理矩阵列和方面，通常考虑列和误差扰动项，故在式(5-4) 交叉熵法的基础上考虑误差扰动因素，此种方法称为随机交叉熵法。

Robinson et al.（2001）关于误差的假定为：①矩阵行和与列和是非固定参数，存在计量误差；②宏观经济总量不是精确地，同样也存在计量误差。估计总量指标的标准误差的先验估计量是已构造具体误差支撑集中误差元素加权算数平均数，其数学语言描述为

$$e_i=\sum_\varphi w_{i,\varphi}\overline{v}_{i,\varphi} \quad (5-5)$$

式中，e_i 是控制总量的误差；$w_{i,\varphi}$ 是误差权重；$\overline{v}_{i,\varphi}$ 是构造的误差支撑集；φ 为误差支撑集的维数。e_i 的方差先验估计量为 σ^2，相应的计算公式为

$$\sigma^2=\sum_\varphi\overline{w}_{i,\varphi}\overline{v}_{i,\varphi}^2 \quad (5-6)$$

随机交叉熵法的目标函数及约束条件如式(5-7)～式(5-9) 所示。

$$\min\left[\left(\sum_i\sum_j A_{i,j}\ln A_{i,j}-\sum_i\sum_j A_{i,j}\ln\overline{A}_{i,j}\right)+\right.$$
$$\left(\sum_i\sum_j w1_{i,j}\ln w1_{i,j}-\sum_i\sum_j w1_{i,j}\ln\overline{w}1_{i,j}\right)+$$
$$\left.\left(\sum_i\sum_j w2_{i,j}\ln w2_{i,j}-\sum_i\sum_j w2_{i,j}\ln\overline{w}2_{i,j}\right)\right] \quad (5-7)$$

列和误差约束条件：

$$\text{s. t.}\qquad t_{ij} = A_{ij} \cdot (\overline{X}_i + e1_i)$$

$$y_i = \overline{X}_i + e1_i$$

$$e1_i = \sum_{\varphi} w1_{i,\varphi} \cdot \overline{v}1_{i,\varphi}$$

$$\sum_{\varphi} w1_{\varphi} = 1$$

$$\sum_{j} T_{ij} = y_i$$

$$\sum_{j} t_{ij} = \overline{X}_i + e1_i \qquad\qquad (5-8)$$

控制总量误差约束条件：

$$\text{s. t.}\qquad \sum_{i}\sum_{j} G_{ij}^{k} \cdot t_{ij} = z^{(k)} + e2_k$$

$$e2_k = \sum_{\varphi} w2_{i,\varphi} \cdot \overline{v}2_{i,\varphi}$$

$$\sum_{\varphi} w2_{\varphi} = 1 \qquad\qquad (5-9)$$

式中，k 为附加宏观总量指标信息数；z 为宏观经济总量指标值；G_{ij}^{k} 为 n 阶总量矩阵，宏观经济总量指标对应的元素为 1，其他元素均为 0；$e2$ 为宏观经济总量误差。

2. 误差权重确定

关于误差权重、误差方差权重的确定方面，Golan et al. （1996）在假定误差服从均值为 0、方差为 σ^2 的正态分布基础上，提出了三权重交叉熵。本章参考 Golan 等的检验，根据正态分布（图 5-1）的 "3σ 原则"，取误差支撑集中的元素以均值 0 为中心对称取值，分别为 $\pm 3\sigma$、$\pm 2\sigma$、$\pm \sigma$、0，即

$$\overline{v}_{i,1} = -3\sigma, \overline{v}_{i,2} = -2\sigma, \overline{v}_{i,3} = -\sigma$$

$$\overline{v}_{i,4} = 0, \overline{v}_{i,5} = -\sigma, \overline{v}_{i,6} = -2\sigma, \overline{v}_{i,7} = -3\sigma$$

为得到权重 $\overline{w}_{i,\varphi}$，这里考虑用矩估计法估计。由于正态分布的奇数阶中心矩都为 0，故考虑偶数阶中心矩，包括二阶中心矩（即方差）σ^2、四阶中心矩（即峰度）$3\sigma^4$ 和六阶中心矩 $15\sigma^6$。

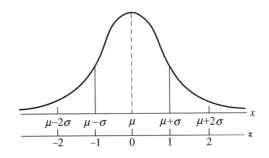

图 5 - 1　正态分布

根据矩估计原理，有

$$\sum_{\varphi} \overline{w}_{i,\varphi} \cdot v_{i,\varphi}^{2} = \sigma^{2}$$

$$\sum_{\varphi} \overline{w}_{i,\varphi} \cdot v_{i,\varphi}^{4} = 3\sigma^{4}$$

$$\sum_{\varphi} \overline{w}_{i,\varphi} \cdot v_{i,\varphi}^{6} = 15\sigma^{6}$$

根据对称原理，可求得权重为

$$\overline{w}_{i,1} = \overline{w}_{i,7} = 1/180, \overline{w}_{i,2} = \overline{w}_{i,6} = 1/20, \overline{w}_{i,3} = \overline{w}_{i,5} = 1/4, \overline{w}_{i,4} = 25/36$$

为表述方便，将本章构建的误差权重法称为七权重交叉熵法。

5.4.3　社会核算矩阵平衡优劣评价指标

结合已有文献，评价社会核算矩阵质量优劣主要考察以下几方面。一是保零性。一方面，反映社会核算矩阵中账户之间收入支出的方向性，如机构部门账户的支出不能记录为要素账户的收入，那么平衡后的社会核算矩阵，同样在机构部门支出要素部门收入单元格中的数值应为0。另一方面，如果已编制的初始社会核算矩阵已完全反映了现实的经济结构，那么平衡后的社会核算矩阵应最大限度地继承初始社会核算矩阵的结构。二是保号性，即平衡后的社会核算矩阵与初始社会核算矩阵所对应的单元格符号应保持一致。三是非零性，即初始社会核算矩阵中经确定为非零单元格，在平衡后的社会核算矩阵中也应非零。四是接近性，即初始社会核算矩阵与平衡后的社会核算矩阵单元格数值的"接近程度"。

一般来说，"接近程度"可采用信息论中的相关指数和数学中的距离来测度。这些指标中有些指标既可以用于判断系数的接近程度，也可以用于判断交易流量矩阵的接近程度。本章选用均方根误差（RMSE）、平均绝对误差（MAE）、泰尔 U（Theil's U）指数、标准化加权绝对差异（SWAD）、标准化总百分比误差（STPE）和用于衡量系数矩阵"接近度"的信息丢失指数（AIL）等六个指标，对四地区农村危房改造-经济-社会核算矩阵的平衡方法进行比较。其中，泰尔 U 指数又称信息相关指数，反映平衡前后的信息相关度，数值越小相关度越高。信息丢失指数用于衡量平衡后的社会核算矩阵对先验信息的有效保留程度，数值越小，平衡后信息丢失越少。六个指标的计算公式分别如式（5-10）～式（5-15）所示。

$$\text{RMSE} = \sqrt{\sum_{i,j} (t_{ij} - \bar{t}_{ij})^2 / n} \tag{5-10}$$

$$\text{MAE} = \sum_{i,j} |t_{ij} - \bar{t}_{ij}| / n \tag{5-11}$$

$$\text{Theil's U} = \sqrt{\sum_{i,j} (t_{ij} - \bar{t}_{ij})^2 / \sum_{i,j} \bar{t}_{ij}^2} \tag{5-12}$$

$$\text{SWAD} = \sum_{i,j} \bar{t}_{ij} |t_{ij} - \bar{t}_{ij}| / \sum_{i,j} \bar{t}_{ij}^2 \tag{5-13}$$

$$\text{STPE} = \sum_{i,j} |t_{ij} - \bar{t}_{ij}| / \sum_{i,j} \bar{t}_{ij} \tag{5-14}$$

$$\text{AIL} = \sum_{i,j} \left| a_{ij} \ln\left(\frac{a_{ij}}{\bar{a}_{ij}}\right) \right| \tag{5-15}$$

5.5 多区域农村危房改造-经济-社会核算矩阵的编制

中华人民共和国国民经济和社会发展第十三个五年（2016—2020 年）（以下简称"十三五"）计划期间，为健康有序推进农村危房改造工作，各地区相继推出了农村危房改造的"十三五"专项规划。2016 年是"十三五"规划的开局之年，也是农村危房改造政策实施以来的中间年份。因此，研究分析 2016 年多区域农村危房改造-经济-社会核算矩阵具有重要的现实意义。

5.5.1 农村危房改造政策流程解析

农村危房改造政策流程解析可概括为图 5-2 所示。实际中，困难农户提交危房改造申请，经所在的政府部门按相应等级对农户的住房进行鉴定，鉴定符合标准后，确定为农村危房改造户。政府（包括中央政府和省级政府等）农村危房改造补助金直接发放到农户的账户，由农户作为建设单位，利用已到账的补助金结合自筹资金（或者向当地金融机构申请获得的贷款），把危房改造工程承包给当地的具有一定资质的施工单位（即工程队），进行施工改造。施工单位改造完工之后，经相应政府管理部门进行竣工验收。验收合格，施工单位将改造房屋的价值接转到建设单位（即农户）。改造的房屋即作为农户的固定资产，之后农户进入房屋的使用阶段，产生相应的住宅服务。

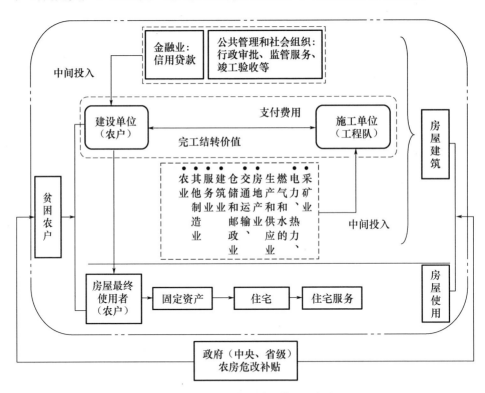

图 5 - 2　农村危房改造政策流程解析

在房屋改造建设阶段，建设单位的总建设经费（包括危房改造补助金和自筹部分的经费），分批次支付给相应部门。对于施工单位，建设单位先给施工单位支付部分资金作为前期资金。施工单位在施工过程中，必然涉及原材料的使用，如图 5-2。采矿业，电力、热力和水的生产和供应业，交通运输、仓储和邮政业等即为施工单位的中间投入。在施工单位的施工建设过程中，政府和一些社会组织要对施工过程进行监管及竣工验收，记为危房改造的中间投入。除此之外，金融机构向农户提供了贷款服务，这部分服务也是建设单位的中间投入。

基于危房改造政策作用流程，经济体核算期内发生的微观危房改造活动，可通过危房改造卫星供给使用表（表 5 - 3）进一步展示。表 5 - 3 清晰地展示了危房改造过程中产品的供给使用情况。

表 5 - 3　危房改造卫星供给使用表

产品	供给/使用	政府	建设单位	住房使用者（农户）
土地	宅基地所有者	√		
	政府		√	
	建设单位			√
建造物	施工单位		√	
	建设单位			√
危房改造后的住房	建设单位			√

注："√"表示此处填充相应数据。

5.5.2　农村危房改造行业总产出核算

农村危房是指根据住房和城乡建设部《农村危险房屋鉴定技术导则（试行）》鉴定的属于整栋危险或者局部危险的农村房屋，根据危险等级分为 C 级和 D 级。C 级危房即局部危险房屋，应加固修缮；D 级危房即整栋危险房屋，应拆除重建。

1. 农村危房改造补助资金

农村危房改造资金由政府补贴和农户自筹两部分构成。其中政府补贴部分原则上分为中央财政补助资金、省级财政补助资金、市级财政补助资金和县级财政补助资金等。根据互联网搜集整理的各省农村危房改造文件、新闻政务联播、凤凰资讯、新华网、政府日报、网易新闻等数据，全国各省农村危房补助资金主要以中央和省级补助金为主。由于市、县级实际情况差异较大，资金落实难度大，一般在实际实施过程中，涉及市、县级财政补助金的省份不是很多。2016 年全国 30 个省（自治区、直辖市）的中央和省级农村危房改造补助资金如图 5-3 所示。其中，中央级数据来源于《财政部 住房和城乡建设部关于下达 2016 年中央财政农村危房改造补助资金的通知（财社〔2016〕97 号）》，省级数据来源于各省份住房和城乡建设厅、财政厅文件或农委危房改造暨脱贫攻坚建档立卡贫困户危房改造实施方案，或是根据文件中省级户均补贴金额与改造户数的数据计算。例如，安徽省省级农村危房改造补助金来源于《安徽省财政厅 安徽省住房和城乡建设厅关于预拨 2016 年农村危房改造省级补助资金的通知财建〔2016〕407 号）》；内蒙古自治区本级农村危房改造补助金额，按照《内蒙古自治区住房和城乡建设厅 内蒙古自治区财政厅文件（内建村〔2014〕636 号）》关于自治区按照平均每户 6000 元的标准补助，结合内蒙古危房改造总户数 311200 户计算而得。

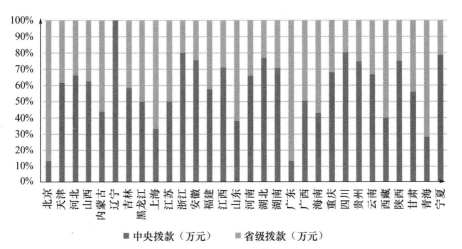

图 5-3 2016 年全国 30 个省（自治区、直辖市）的中央和省级农村危房改造补助资金

关于农村危房改造不足资金由农户自筹，部分省已将农村危房改造纳入政府全额贴息精准扶贫小额信贷政策中。例如，2016 年甘肃省省级财政专门安排 3 亿元用于农村危旧房改造贷款贴息，省扶贫部门从 2016 年起，按照每户 1 万元注入风险补偿金，为建档立卡贫困户提供长期优惠贷款；2016—2018 年，福建省对 D 级危房农户的危房拆除重建贷款提供贴息补助，给予 D 级危房拆除重建的农户每户不超过 3.5 万元危房拆除重建贷款 90% 的贴息，贴息期限 1 年。贴息资金由省级财政和 D 级危房拆除重建农户所在地财政各承担 50％。随着国家信贷政策的发展，农户自筹资金部分也逐步向以贷款为主的方向发展。本章农户自筹部分考虑贷款形式。贷款数额由危房改造总产出与政府补贴的差额决定。

2. C 级危房与 D 级危房户数的确定

按照本章的核算思路，D 级危房是拆除重建，这部分产出应从当年各省建筑业的总产出中分离，C 级危房只是局部修缮，其产出需重新计算。D 级危房产出和 C 级危房产出共同构成危房改造行业的总产出。因此，对于未明确公开 C 级和 D 级危房户数的部分省份，按照各省文件中危房改造的总户数和中央、省级下拨危房改造补助金数额计算得出。各省农村危房改造 C 级和 D 级户数分布如图 5-4 所示。

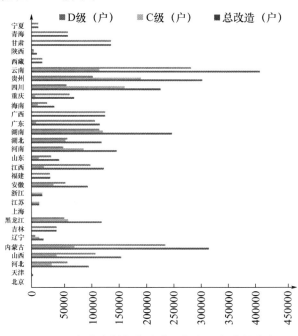

图 5-4　各省农村危房改造 C 级和 D 级户数分布

3. 危房改造行业总产出

首先核算 D 级危房改造总产出，根据 Wind 资讯，各省农村平均每户常住人口数与各省农村危房改造相关文件规定的 D 级危房平均每人新建房屋面积，计算各省平均每个 D 级危房户可新建住房的面积。再由各省当年完工危房改造户数（吉林、四川、广西年底实际完工数小于计划完工数；重庆、广东、山东开工率为计划开工率，年底完工率 90% 以上，未完工下一年 4 月前完工；其余省份基本年底完工户数与计划完工户数一致），计算各省 D 级危房新建总面积，结合各省当年农村居民家庭新建房屋单位价值，计算得到各省当年 D 级危房改造总产出。

C 级危房总产出核算可根据 C 级危房修缮所耗成本计算，这种方法较为准确，但数据获取难度大。本章采用推算的方法得到 C 级危房改造总产出。中央财政农村危房改造补助资金，C 级平均每户 7500 元，D 级平均每户 20000 元。C 级与 D 级危房改造补助比例约为 3：8。按此比例，结合 D 级危房改造总产出计算各省 C 级危房改造总产出。

危房改造完工后住户迁入后必然发生相应的消费，为了能全面分析改造后住房给居民带来的生活改善，本章将住户对改造后住房的最终消费纳入危房改造行业产出核算。这部分消费的核算参照房地产业中居民最终消费，按比例进行推算。

将 30 个省（自治区、直辖市）的危房改造行业总产出按照四大经济区域汇总，得出东北地区、东部地区、西部地区和中部地区的危房改造行业总产出。

5.5.3 初始农村危房改造-经济-社会核算矩阵编制

本章区域划分如前所述，为东北地区、东部地区、西部地区和中部地区四大区域。每个区域的账户设置如前文所述。关于每个区域账户设置的活动账户与商品账户，按图 5-2 中与危房改造行业相关性大小分为 10 个行业，如表 5-4 所示。编制多区域社会核算矩阵需要每个区域的数据，更需要区域间流量数据，中国统计体系目前尚没有完整的、逐年的区域间各种流量数据。最新的关于中国省区市间投入产出表是中国统计出版社出版的《2010 年中国 30 省区市区域间投入产出表》，本章在《中国区域投入产出表（2010）》和《中国地区投入产出表（2012）》基础上，结合《中国财政年鉴（2016）》、《中国税务年鉴（2016）》、各省市自治区统计年鉴（2016），采用

RAS法编制中国 2016 年四地区含农村危房改造行业的投入产出表。结合此投入产出表，按照表 5-1 和表 5-2 的框架，编制 2016 年中国初始四地区农村危房改造-经济-社会核算矩阵，其中，危房改造行业中间投入情况，如表 5-5 所示。

表 5-4　农村危房改造-经济-社会核算矩阵中行业/产品部门划分

序号	行业/产品部门	序号	行业/产品部门
1	采矿业	6	危房改造行业
2	工业——电力、热力、燃气等	7	交通运输、仓储和邮政业
3	房地产业、租赁和商务服务业	8	金融
4	服务业——其他	9	农业
5	建筑业——其他	10	制造业

表 5-5　四地区农村危房改造-经济-社会核算矩阵中危房改造行业的中间投入情况

区域	产品部门	东北地区	东部地区	西部地区	中部地区	区域	产品部门	东北地区	东部地区	西部地区	中部地区
东北地区	采矿业	3.96	0.05	0.39	1.92	西部地区	采矿业	0	0	0.01	0.01
	工业——电力、热力、燃气等	1.94	0.01	0.09	0.26		工业——电力、热力、燃气等	0.91	0.01	8.27	0.81
	房地产业、租赁和商务服务业	0.28	0	0.01	0.10		房地产业、租赁和商务服务业	0.03	0	1.63	0.16
	服务业——其他	2.37	0.01	0.09	0.84		服务业——其他	0.24	0.02	13.79	1.40
	建筑业——其他	0	0	0.45	0.66		建筑业——其他	0.14	0	0	0.42
	危房改造行业	0.76	0	0	0		危房改造行业	0	0	7.07	0
	交通运输、仓储和邮政业	3.88	0.02	0.16	2.41		交通运输和仓储、邮政业	2.30	0.06	33.01	6.74
	金融	7.90	0.01	0.15	1.50		金融	0.11	0.01	9.37	0.63
	农业	5.22	0.05	0.39	1.92		农业	0	0	0.59	0.01
	制造业	77.23	0.01	0.09	0.26		制造业	0.91	0.01	144.52	0.81

续表

区域	产品部门	东北	东部地区	西部地区	中部地区	区域	产品部门	东北地区	东部地区	西部地区	中部地区
东部地区	采矿业	0.01	0.13	0	0.05	中部地区	采矿业	0.30	0.09	0.11	3.70
	工业——电力、热力、燃气等	0.05	0.25	0	0.04		工业——电力、热力、燃气等	0.18	0.01	0.05	6.27
	房地产业、租赁和商务服务业	0.02	0.25	0.01	0.10		房地产业、租赁和商务服务业	0.08	0	0.04	9.74
	服务业——其他	0.15	2.14	0.08	0.81		服务业——其他	0.64	0.03	0.37	82.61
	建筑业——其他	0.10	0	0.26	0.33		建筑业——其他	0.72	0	1.45	0
	危房改造行业	0	1.54	0	0		危房改造行业	0	0	0	19.50
	交通运输、仓储和邮政业	2.74	19.68	0.63	7.78		交通运输、仓储和邮政业	0.73	0.02	0.15	33.95
	金融	0.05	3.35	0.03	0.29		金融	0.14	0.01	0.08	34.75
	农业	0.01	0.15	0	0.05		农业	0.30	0.09	0.11	7.06
	制造业	0.05	16.50	0	0.04		制造业	0.18	0.01	0.05	192.16

5.6 实证比较分析

从理论上分析，三权重交叉熵法、七权重交叉熵法、RAS 法和最小二乘法相比，前三种方法一般从社会核算矩阵系数矩阵出发平衡社会核算矩阵，最小二乘法则从交易流量出发平衡社会核算矩阵。这四种方法具体平衡社会核算矩阵的效果，需通过质量评价指标进行比较。这四种方法的最终目标是将不平衡的社会核算矩阵调整为平衡的社会核算矩阵，即最终平衡的社会核算矩阵行和与列和应相等。从平衡过程看，这四种方法又可归为两类：一类是基于交易流量的平衡，另一类是基于社会核算矩阵系数的平衡。所以，本章四种方法优劣的对比也分别从交易流量和系数"接近程度"两个角度进行。

其中，交易流量"接近程度"对比方面，包括三权重交叉熵法、七权重交叉熵法、RAS 法和最小二乘法四种方法。由于最小二乘法的目标函数侧重流量矩阵的描述，与交叉熵法、RAS 法采用预测矩阵系数与初始矩阵系数商的函数为目标函数不同，两者之间在系数方面没有比较基础，故本章系数"接近程度"方面，主要对比基于社会核算矩阵系数平衡的三权重交叉熵法、七权重交叉熵法、RAS 法三种方法。在前文平衡社会核算矩阵方法模型的基础上，本章用 GAMS 中的 CONOPT 实现三权重交叉熵法、七权重交叉熵法。

5.6.1 交易流量矩阵平衡质量对比

分别用三权重交叉熵法、七权重交叉熵法、RAS 法和最小二乘法，对本章 2016 年的初始四地区农村危房改造-经济-社会核算矩阵进行平衡，平衡后的社会核算矩阵中危房改造行业中间投入数值如表 5-6 所示。

表 5-6 交叉熵法与最小二乘法平衡社会核算矩阵中

危房改造行业中间投入数值

		东北地区			东部地区			西部地区			中部地区		
		七权重交叉熵法	三权重交叉熵法	最小二乘法	七权重交叉熵法	三权重交叉熵法	最小二乘法	七权重交叉熵法	三权重交叉熵法	最小二乘法	七权重交叉熵法	三权重交叉熵法	最小二乘法
东北地区	1	5.11	3.29	3.96	0.06	0.06	0.05	0	2.50	0.39	2.73	2.11	1.92
	2	1.98	2.16	1.94	0.01	0.01	0.01	0.10	0.10	0.09	0.27	0.27	0.26
	3	0.31	0.31	0.28	0	0	0	0.02	0.01	0.01	0.11	0.11	0.10
	4	2.60	2.62	2.37	0.01	0.01	0.01	0.09	0.09	0.09	0.87	0.87	0.84
	5	—	—	—	0	0	0	0.48	0.48	0.45	0.68	0.68	0.66
	6	0.84	15.82	0.76	0	0	0	0.01	0.01	0.01	0.01	0.01	0
	7	4.25	4.27	3.88	0.02	0.02	0.02	0.17	0.17	0.16	2.47	2.48	2.41
	8	8.66	8.70	7.90	0.02	0.02	0.01	0.16	0.16	0.15	1.54	1.54	1.50
	9	5.72	5.75	5.22	0	0	0	0.07	0.07	0.07	0.24	0.24	0.23
	10	81.82	68.65	77.23	1.17	1.17	0.97	4.87	4.87	4.65	77.71	77.16	44.05

续表

		东北地区			东部地区			西部地区			中部地区		
		七权重交叉熵法	三权重交叉熵法	最小二乘法	七权重交叉熵法	三权重交叉熵法	最小二乘法	七权重交叉熵法	三权重交叉熵法	最小二乘法	七权重交叉熵法	三权重交叉熵法	最小二乘法
东部地区	1	0.01	0.01	0.01	0.16	0.16	0.13	0.01	0	0	0.06	0.06	0.05
	2	0.06	0.06	0.05	0.30	0.30	0.25	0.01	0.01	0	0.04	0.05	0.04
	3	0.02	0.02	0.02	0.31	0.31	0.25	0.01	0.01	0.01	0.10	0.11	0.10
	4	0.16	0.16	0.15	2.58	2.58	2.14	0.09	0.09	0.08	0.84	0.84	0.81
	5	0.11	0.11	0.10	—	—	—	0.27	0.27	0.26	0.35	0.35	0.33
	6	0	0	0	1.84	1.86	1.54	0	0	0	—	—	0
	7	3.04	3.04	2.74	27.10	27.18	19.68	0.66	0.66	0.63	8.00	8.01	7.78
	8	0.06	0.06	0.05	4.08	4.08	3.35	0.03	0.03	0.03	0.32	0.32	0.29
	9	0.41	0.02	0.02	0.28	0.18	0.15	0.02	0.01	0.01	—	—	0.02
	10	3.00	3.00	2.71	20.11	20.11	16.50	0.94	0.94	0.90	13.06	13.08	12.71
西部地区	1	—	0.01	0	—	—	0	0.01	0.01	0.01	—	0.02	0.01
	2	1.01	1.00	0.91	0.01	0.01	0.01	8.65	8.65	8.27	0.83	0.83	0.81
	3	0.03	0.03	0.03	0	0	0	1.71	1.71	1.63	0.06	0.12	0.16
	4	0.27	0.27	0.24	0.02	0.02	0.02	14.42	14.42	13.79	1.44	1.44	1.40
	5	0.16	0.16	0.14	—	—	0	—	—	—	0.43	0.43	0.42
	6	—	—	0	—	—	—	19.54	7.39	7.07	—	—	0
	7	2.54	2.54	2.30	0.07	0.07	0.06	48.22	48.22	33.01	6.92	6.93	6.74
	8	0.12	0.12	0.11	0.01	0.01	0.01	9.82	9.82	9.37	0.64	0.65	0.63
	9	8.13	8.48	0.03	—	—	0	0.62	0.62	0.59	0.07	0.08	0.07
	10	14.02	14.02	12.67	0.41	0.41	0.34	151.41	151.41	144.52	39.44	39.49	38.43
中部地区	1	0.34	0.34	0.30	0.11	0.11	0.09	0.12	0.12	0.11	3.80	3.81	3.70
	2	0.21	0.21	0.18	0.01	0.01	0.01	0.05	0.05	0.05	6.44	6.44	6.27
	3	0.07	0.07	0.08	0	0	0	—	—	0.04	9.82	9.84	9.74
	4	0.71	0.71	0.64	0.04	0.04	0.03	0.40	0.40	0.37	84.76	84.87	82.61
	5	0.80	0.80	0.72	0	0	0	1.52	1.52	1.45	—	—	—
	6	—	—	0	—	—	0	0.01	—	0	18.49	18.00	19.50

续表

		东北地区			东部地区			西部地区			中部地区		
		七权重交叉熵法	三权重交叉熵法	最小二乘法	七权重交叉熵法	三权重交叉熵法	最小二乘法	七权重交叉熵法	三权重交叉熵法	最小二乘法	七权重交叉熵法	三权重交叉熵法	最小二乘法
中部地区	7	0.80	0.80	0.73	0.02	0.02	0.02	0.16	0.16	0.15	34.84	34.89	33.95
	8	3.15	2.91	0.14	0.01	0.01	0.01	0.09	0.09	0.08	35.65	35.70	34.75
	9	0.10	0.10	0.09	0	0	0	0.06	0.06	0.05	7.24	7.26	7.06
	10	2.14	2.14	1.93	0.13	0.13	0.11	0.55	0.55	0.52	197.05	243.89	192.16

首先，直观上看，最小二乘法平衡的社会核算矩阵表中数值略小于三权重交叉熵法、七权重交叉熵法，除个别值外，三权重交叉熵法、七权重交叉熵法估计值基本一致。在东北地区危房改造行业对本部门投入中，三权重交叉熵法得出的估计值 15.82 远大于七权重交叉熵法和最小二乘法估计值。中部地区制造业对中部危房改造行业投入的估计中，三权重交叉熵法得出的估计值 243.89 也远大于七权重交叉熵法和最小二乘法估计值。

其次，四种方法平衡后的社会核算矩阵的保零性、保号性和非零值结果如表 5-7 所示。由表 5-7 可知，四种方法对原始数据都进行对角变换消去负值元素，不存在保号性问题。所有方法都满足保零性，即初始社会核算矩阵中为零的单元格，在平衡后的社会核算矩阵中仍然保持零值。RAS 法将初始社会核算矩阵中的 106 个非零流量调整为 0，最小二乘法、三权重交叉熵法和七权重交叉熵法将非零流量调整为 0 的个数分别为 117、562 和 568 个，主要集中于政府账户和区域外账户。三权重交叉熵法和七权重交叉熵法调整为 0 的原始非零元素大多数位于东北地区生产账户、西部地区生产账户、政府账户、区域外账户的支出方。

表5-7 农村危房改造-经济社会核算矩阵平衡检验

方法	保号性	保零性	非零值调整为0/个	行和与列和的误差/%
RAS法	√	√	106	0.7*
最小二乘法	√	√	117	0
三权重交叉熵法	√	√	562	0
七权重交叉熵法	√	√	568	0

注：＊0.7为列和与目标值之间的相对误差。目标值的计算为初始社会核算矩阵中对应行和与列和的平均数。

最后，根据式(5-10)～式(5-15)计算社会核算矩阵交易流量平衡质量指标值，结果如表5-8所示。从交易流量矩阵"接近程度"看，由表5-8可知，①从平衡后的行和与列和差异看，除RAS法外，其余三种方法平衡后误差均为0，达到了行列平衡，RAS法平衡后相应行和与列和差异平均值为0.7%，这说明RAS法在平衡大型社会核算矩阵方面效果差一些；②从RMSE和泰尔U指数值看，除RAS法外，七权重交叉熵法最小，其次为三权重交叉熵法，最后为最小二乘法，这说明从平衡值与初始值偏差的角度，七权重交叉熵法平衡四地区农村危房改造-经济-社会核算矩阵质量较好；③从MAE、SWAD和STPE数值看，除RAS法外，最小二乘法最小，其次为七权重交叉熵法，最后为三权重交叉熵法。这说明从平衡值实际误差角度，最小二乘法最优。

表5-8 四种方法平衡104×104维社会核算矩阵的结果比较（流量矩阵）

	RMSE	MAE	泰尔U	SWAD	STPE	行和与列和的误差
RAS法	2199.8	135.92	0.2230	1.40×10^{-6}	0.1542	0.7%
最小二乘法	4458.4	167.72	0.4519	1.72×10^{-6}	0.1903	0
三权重交叉熵法	3544.5	247.33	0.3593	2.54×10^{-6}	0.2806	0
七权重交叉熵法	3406.9	241.05	0.3453	2.48×10^{-6}	0.2735	0

5.6.2　系数矩阵"接近程度"对比

交叉熵法与 RAS 法平衡后的社会核算矩阵中危房改造行业平均支出倾向矩阵如表 5 - 9 所示。其中，东北地区危房改造行业投入系数方面，RAS 法平衡后的数值大体上略大于三权重交叉熵法和七权重交叉熵法得到的数值；东部地区危房改造行业方面，RAS 法数值略小于三权重交叉熵法和七权重交叉熵法得到的数值。三权重交叉熵法和七权重交叉熵法得到的数值基本一致。

表 5 - 9　交叉熵法与 RAS 法平衡后的社会核算矩阵中
危房改造行业平均支出倾向矩阵

		东北地区			东部地区			西部地区			中部地区		
		七权重交叉熵法	三权重交叉熵法	RAS 法	七权重交叉熵法	三权重交叉熵法	RAS 法	七权重交叉熵法	三权重交叉熵法	RAS 法	七权重交叉熵法	三权重交叉熵法	RAS 法
东北地区	1	0.0240	0.0155	0.0202	0.0005	0.0005	0.0001	0.0000	0.0052	0.0008	0.0034	0.0026	0.0021
	2	0.0093	0.0101	0.0103	0.0001	0.0001	0.0000	0.0002	0.0002	0.0002	0.0003	0.0003	0.0003
	3	0.0015	0.0015	0.0016	0.0000	0.0000	0.0000	0.0000	0.0000	0.0000	0.0001	0.0001	0.0001
	4	0.0122	0.0123	0.0166	0.0001	0.0001	0.0000	0.0002	0.0002	0.0002	0.0011	0.0011	0.0012
	5	0.0000	0.0000	0.0000	0.0000	0.0000	0.0000	0.0010	0.0010	0.0009	0.0008	0.0008	0.0007
	6	0.0039	0.0743	0.0044	0.0000	0.0000	0.0000	0.0000	0.0000	0.0000	0.0000	0.0000	0.0000
	7	0.0200	0.0201	0.0214	0.0002	0.0002	0.0000	0.0004	0.0004	0.0003	0.0031	0.0031	0.0028
	8	0.0406	0.0408	0.0434	0.0002	0.0002	0.0000	0.0003	0.0003	0.0003	0.0019	0.0019	0.0017
	9	0.0269	0.0270	0.0289	0.0000	0.0000	0.0000	0.0002	0.0002	0.0001	0.0003	0.0003	0.0003
	10	0.3841	0.3223	0.4174	0.0106	0.0106	0.0025	0.0102	0.0102	0.0099	0.0966	0.0958	0.0502

续表

		东北地区			东部地区			西部地区			中部地区		
		七权重交叉熵法	三权重交叉熵法	RAS法	七权重交叉熵法	三权重交叉熵法	RAS法	七权重交叉熵法	三权重交叉熵法	RAS法	七权重交叉熵法	三权重交叉熵法	RAS法
东部地区	1	0.0000	0.0000	0.0000	0.0014	0.0014	0.0005	0.0000	0.0000	0.0000	0.0001	0.0001	0.0001
	2	0.0003	0.0003	0.0004	0.0027	0.0027	0.0009	0.0000	0.0000	0.0000	0.0001	0.0001	0.0001
	3	0.0001	0.0001	0.0001	0.0027	0.0028	0.0008	0.0000	0.0000	0.0000	0.0001	0.0001	0.0001
	4	0.0008	0.0008	0.0013	0.0232	0.0232	0.0086	0.0002	0.0002	0.0003	0.0010	0.0010	0.0015
	5	0.0005	0.0005	0.0010	0.0000	0.0000	0.0000	0.0006	0.0006	0.0010	0.0004	0.0004	0.0007
	6	0.0000	0.0000	0.0000	0.0166	0.0167	0.0047	0.0000	0.0000	0.0000	0.0000	0.0000	0.0000
	7	0.0143	0.0143	0.0239	0.2437	0.2445	0.0808	0.0014	0.0014	0.0021	0.0099	0.0099	0.0143
	8	0.0003	0.0003	0.0005	0.0367	0.0367	0.0143	0.0001	0.0001	0.0001	0.0004	0.0004	0.0006
	9	0.0019	0.0001	0.0001	0.0025	0.0017	0.0005	0.0000	0.0000	0.0000	0.0000	0.0000	0.0000
	10	0.0141	0.0141	0.0205	0.1809	0.1809	0.0587	0.0020	0.0020	0.0027	0.0162	0.0162	0.0202
西部地区	1	0.0000	0.0000	0.0000	0.0000	0.0000	0.0000	0.0000	0.0000	0.0000	0.0000	0.0000	0.0000
	2	0.0047	0.0047	0.0049	0.0001	0.0001	0.0000	0.0181	0.0181	0.0177	0.0010	0.0010	0.0009
	3	0.0001	0.0001	0.0001	0.0000	0.0000	0.0000	0.0036	0.0036	0.0032	0.0001	0.0001	0.0002
	4	0.0013	0.0013	0.0017	0.0002	0.0002	0.0001	0.0302	0.0302	0.0375	0.0018	0.0018	0.0020
	5	0.0007	0.0007	0.0008	0.0000	0.0000	0.0000	0.0000	0.0000	0.0000	0.0005	0.0005	0.0005
	6	0.0000	0.0000	0.0000	0.0000	0.0000	0.0000	0.0410	0.0155	0.0172	0.0000	0.0000	0.0000
	7	0.0119	0.0119	0.0125	0.0006	0.0006	0.0001	0.1011	0.1011	0.0706	0.0086	0.0086	0.0077
	8	0.0006	0.0006	0.0006	0.0001	0.0001	0.0000	0.0206	0.0206	0.0204	0.0008	0.0008	0.0007
	9	0.0382	0.0398	0.0002	0.0000	0.0000	0.0000	0.0013	0.0013	0.0014	0.0001	0.0001	0.0001
	10	0.0658	0.0658	0.0715	0.0037	0.0037	0.0009	0.3176	0.3176	0.3216	0.0490	0.0490	0.0457
中部地区	1	0.0016	0.0016	0.0017	0.0010	0.0010	0.0002	0.0003	0.0003	0.0002	0.0047	0.0047	0.0044
	2	0.0010	0.0010	0.0011	0.0001	0.0001	0.0001	0.0001	0.0001	0.0001	0.0080	0.0080	0.0077
	3	0.0003	0.0003	0.0004	0.0000	0.0000	0.0000	0.0000	0.0000	0.0001	0.0122	0.0122	0.0106
	4	0.0033	0.0033	0.0044	0.0004	0.0004	0.0001	0.0008	0.0008	0.0010	0.1054	0.1054	0.1207

续表

		东北地区			东部地区			西部地区			中部地区		
		七权重交叉熵法	三权重交叉熵法	RAS法	七权重交叉熵法	三权重交叉熵法	RAS法	七权重交叉熵法	三权重交叉熵法	RAS法	七权重交叉熵法	三权重交叉熵法	RAS法
中部地区	5	0.0037	0.0037	0.0042	0.0000	0.0000	0.0000	0.0032	0.0032	0.0034	0.0000	0.0000	0.0000
	6	0.0000	0.0000	0.0000	0.0000	0.0000	0.0000	0.0000	0.0000	0.0000	0.0230	0.0223	0.0241
	7	0.0038	0.0038	0.0040	0.0002	0.0002	0.0003	0.0003	0.0003	0.0003	0.0433	0.0433	0.0396
	8	0.0148	0.0137	0.0008	0.0001	0.0001	0.0001	0.0001	0.0001	0.0002	0.0443	0.0443	0.0433
	9	0.0005	0.0005	0.0005	0.0000	0.0000	0.0000	0.0001	0.0001	0.0001	0.0090	0.0090	0.0090
	10	0.0101	0.0101	0.0117	0.0011	0.0011	0.0003	0.0011	0.0012	0.0012	0.2449	0.3028	0.2452

系数接近程度判断方面，根据式(5-10)～式(5-15) 计算基于系数矩阵的 RMSE、MAE、泰尔 U、SWAD、STPE 和 AIL 各指标值，结果如表 5-10 所示。

表 5-10　RAS 法与交叉熵法平衡 104×104 维

社会核算矩阵的结果比较（系数矩阵）

	RMSE	MAE	泰尔 U	SWAD	STPE	AIL	排名	行和与列和的误差
RAS法	0.0140	0.0014	0.1950	0.2692	0.1437	18.1916	1	0.7%
三权重交叉熵法	0.0183	0.0019	0.2556	0.3617	0.1931	25.9665	3	0
七权重交叉熵法	0.0172	0.0018	0.2406	0.3516	0.1877	23.9342	2	0

就系数矩阵"接近程度"看，由表 5-10 可知，RAS 法最优，其次为七权重交叉熵法和三权重交叉熵法。RAS 法的 RMSE、MAE、泰尔 U、SWAD、STPE 和 AIL 最小，说明与初始社会核算矩阵系数矩阵最为接近，但本章 RAS 法平衡得到的社会核算矩阵，其行和与列和存在一定误差。综观表 5-8 和表 5-10，无论是交易流量矩阵的"接近程度"还是系数矩阵的"接近程度"方面，本章构建的七权重交叉熵法都更优于三权重交叉熵法，这

可能与误差支撑集中的元素选取有关，也即可能先验误差分布信息越细，最终矩阵平衡误差越小。

5.7 结论与启示

本章从突出危房改造行业的角度，从农村危房改造政策相关文件及党中央实施农村危房改造的目的出发，对危房改造行业进行界定。对中国 30 个省（自治区、直辖市）2016 年农村危房改造的相关文件、新闻中的农村危房补贴金额和改造户数等数据，对部分未知的 C 级危房和 D 级危房户数采用数学方法对部分数据进行了推算。结合人口统计数据、农村房屋价值等数据，核算了 30 个省（自治区、直辖市）的危房改造行业总产出。汇总整理相关数据编制 2016 年中国四大经济区域投入产出表，在此基础上编制了 2016 年中国四地区农村危房改造-经济-社会核算矩阵。利用经典的矩阵平衡方法及构建的七权重交叉熵法等四种社会核算矩阵平衡方法，对编制的四地区农村危房改造-经济-社会核算矩阵进行平衡。结果发现：平衡流量矩阵时，若考察初始值与平衡值之间的实际误差，则选用最小二乘法更优；若考察初始值与平衡值之间的偏差大小，则选用七权重交叉熵法更优。RAS 法在平衡维数比较大的矩阵时，效果差一些。

本章编制的四地区农村危房改造-经济-社会核算矩阵具有重要的现实意义，该项研究可为决策者和研究者全面了解和分析中国地区危房改造、经济发展状况提供数据库支撑。为得到平衡的社会核算矩阵，需采用高质量的平衡方法。虽然社会核算矩阵的平衡方法有很多，但收集和整理原始资料依然是社会核算矩阵尤其是多区域社会核算矩阵编制的关键。社会核算矩阵编制过程中，忽略对原始数据的评价，仅从平衡方法层面考虑，则会使得平衡的社会核算矩阵可能与实际交易主体的交易行为之间出现偏差，导致经济政策分析出现偏误。故在对实际数据的社会核算矩阵进行平衡时，应综合权衡考虑原始数据质量与各种平衡方法质量。

　　然而，本章也有一定的局限性：第一，本章部分省份的 C 级危房数量和 D 级危房数量是通过求解数学方程推算而得，需进一步获得相关真实数据，为核算准确的农村危房改造总产出奠定基础；第二，在农村危房改造-经济-社会核算矩阵平衡过程中，本章中的四种方法对原始数据都进行对角变换消去负值元素，未考虑保留负值的平衡方法，今后的研究还可考虑其他各种社会核算矩阵平衡方法；第三，三权重交叉熵法、七权重交叉熵法平衡社会核算矩阵的精度受初始不平衡社会核算矩阵的精度影响，若初始社会核算矩阵存在较大误差，则此方法得到的社会核算矩阵误差也会较大。今后可考虑交叉熵法与其他方法结合的方式来改进交叉熵法宏观动态社会核算矩阵的编制。

5.8　本　章　小　结

　　本章以国民账户体系为标准，借鉴国务院发展研究中心和美国等发达国家多区域社会核算矩阵编制经验，从党中央实施农村危房改造的目的和相关文件出发，对农村危房改造行业进行界定；采用网络数据搜索、权威数据库和数学方法，对中国 30 个省（自治区、直辖市）的危房改造行业的产出进行了宏观核算；采用 RAS 法编制中国四地区含危房改造行业的投入产出表，最终编制完成中国四地区农村危房改造-经济-社会核算矩阵初始矩阵；并进一步利用传统的 RAS 法、最小二乘法、三权重交叉熵法及本章构建的七权重交叉熵法，对矩阵平衡质量进行了比较，得出了基于不同比较指标的最优平衡矩阵。

第6章 基于多区域社会核算矩阵的农村危房改造财政转移支付的收入分配效应研究

6.1 问题的提出和文献综述

6.1.1 问题的提出

帮助住房最危险、经济最贫困的农户解决最基本的安全住房问题的农村危房改造政策，作为中央保增长、保民生、保稳定的战略部署，从 2008 年组织实施试点以来，一直是各级政府和百姓关注的焦点问题之一。直接拨款给困难农户的农村危房改造财政投入对农村居民增收效应如何？对各产业部门的收入有无带动作用？对城镇居民收入分配的影响如何？通过哪种路径实现保增长、保民生？这些问题需通过量化分析其在国民经济中的运行机制得以实现。农村危房改造政策自 2008 年在贵州试点以来，一直是党中央扶贫工作的重点之一，更是全面打赢脱贫攻坚战应有之义。2016 年是"十三五"规划的开局之年，是脱贫攻坚首战之年，中央和地方不断完善扶贫攻坚机制保障。因此，从 2016 年农村危房改造现实出发，全面分析农村危改造政策效应及传导机制具有重要的现实意义。

6.1.2 文献综述

从国民经济账户序列发展到以方阵形式展示的社会核算矩阵以来，社会核算矩阵以其账户设计的灵活性和良好的可拆分性成为经济政策常用的分析工具之一。社会核算矩阵可以为复杂经济模型（如可计算一般均衡模型）提供数据基础，也可以根据社会核算矩阵结构对其自身建模，如乘数模型、结构化路径分析模型等关联分析模型。社会核算矩阵关联分析模型旨在关注经济系统中外生注入引发内生账户的变化效应及其传导机制。Stone（1977）、Pyatt et al.（1979）研究的社会核算矩阵乘数模型是至今最早的乘数研究。Stone（1977）研究了社会核算矩阵账户乘数，并根据内生账户之间的作用关系，采用加法分解形式将账户乘数分解为转移效应、开环效应和闭环效应。Pyatt et al.（1979）研究了社会核算矩阵账户乘数和固定价格乘数，并提出了社会核算矩阵账户乘数分解的乘法分解形式。Roland-Holst et al.（1992）提出了基于社会核算矩阵乘数的相对收入分析方法。Llop et al.（2004）对相对收入乘数进一步分解，得到了相对收入的净乘数效应。相比于账户乘数，乘数分解形式能提供更多信息。但在进一步分析外生注入对内生账户作用效应的传导路径时，乘数及乘数分解略显不足。Defourny et al.（1984）在社会核算矩阵账户乘数的基础上，采用结构化路径分析模型对韩国社会核算矩阵进行了分析，找出了经济政策变动对内生账户作用的传导路径。

李善同等人编制了中国第一张社会核算矩阵表，Li et al.（2005）在 1997年社会核算矩阵基础上编制了中国三区域社会核算矩阵。朱艳鑫等（2009）编制了中国八大区域社会核算矩阵，并通过乘数分解，分析了各地区的生产活动、要素和城乡居民的相互依存和影响关系。范晓静等（2010）利用社会核算矩阵乘数对中国产业部门与居民相对收入进行了分析。多区域社会核算矩阵国内编制的比较少，国务院发展研究中心曾于 1997 年、2002 年、2007年和 2012 年编制了中国区域间投入产出表。

综上所述，国内外文献应用社会核算矩阵分析模型分析不同的政策较多，但大多数都基于其中某一方法的应用，从社会核算矩阵的绝对乘数、相对乘数及动态乘数对比角度分析的还不多。鉴于此，本章使用社会核算矩阵的账户乘数及其分解形式、相对乘数分析、动态账户乘数及结构化路径分析等关联路径分析方法，在编制完成的中国 2016 年农村危房改造社会核算矩阵的基础上，对财政投入的收入分配效应进行详细系统分析。

6.2 农村危房改造财政转移支付的流程解析与数据基础

农村危房是指依据住房和城乡建设部《农村危险房屋鉴定技术导则（试行）》鉴定属于整栋危房（D 级）或局部危险（C 级）的房屋。D 级危房应拆除重建，C 级危房应修缮加固。农村危房改造户鉴定一般流程如下。困难农户向当地主管部门提交农户危房改造申请，所属部门根据文件规定相应等级标准对农户的住房进行鉴定，鉴定符合标准后，确定为农村危房改造户。政府农村危房补助金（包括中央和省级等资助部分）直接发放到鉴定合格的农户账户。农户作为建设单位，可自行建设也可把危房改造工程承包给当地的具有一定资质的施工单位（即工程队），进行施工改造。例如，C 级危房农户可能找亲戚朋友帮忙修缮；D 级危房一般需重建，一般情况下农户会聘用相应的施工单位施工建设。施工单位改造完工之后，经相应政府管理部门进行竣工验收，验收合格，施工单位将改造房屋的价值接转到建设单位（即农户）。

6.2.1 农村危房改造与采矿业等相关产业间的关系

改造后的房屋即为农户的固定资产，之后农户进入房屋的使用阶段，产生相应的住宅服务。在房屋改造建设阶段，作为建设单位的农户将总建设经费，分批次支付给相应部门。建设单位要先给施工单位支付部分资金作为前期资金。在施工单位进行施工的过程中，采矿业，电力、热力和水的生产与供应业，交通运输业等即为施工单位的中间投入。政府和一些社会组织要对施工过程进行监管及竣工验收，建设单位要为这一部分服务支付一定的服务费。这部分服务费是建设单位为改造房屋的中间投入。危房改造过程中相关产业的投入产出关系，可概括为表 6 - 1。

表 6 - 1　危房改造过程中相关产业的投入产出关系

	危房改造（施工单位）	消费	固定资本形成总额	总产出
危房改造行业		＋	＋	＋
采矿业	＋			＋
电力、热力和水的生产与供应业	＋			＋
交通运输业	＋			＋
其他服务	＋			＋

注："＋"表示该处数值会增加。

6.2.2　农村危房改造与金融业的关系

农户计算改造房屋所需总费用，不足部分由农户自筹，一般表现为向当地农村信用社申请小额贷款。除此之外，金融机构向农户提供了贷款服务，这部分服务也是建设单位的中间投入，同时对金融业总产出产生影响。对金融业总产出的影响主要是通过影响间接测算的金融中介服务（Financial Intermediation Services Indirectly Measured，FISIM）来实现的。对于 FISIM，2008 年国民经济核算体系这样定义："金融机构如银行向拥有闲置资金并希望从中获取利息的单位吸收存款，并将这些存款借给那些资金不足以满足其需求的单位。银行通过这种方式提供了一个机制，使得第一家单位可以借款给第二家单位。双方都向银行支付服务费，贷出资金的单位获得的利率要低于借款单位支付的利率，存贷利差中即包含了银行向存款人和借款人收取的隐含费用。"这一隐含费用所对应的金融服务即为 FISIM。

在危房改造农户自筹资金部分，若农户采用的方式是贷款，则此时这一贷款行为会对 FISIM 产生影响。各地关于农户因危房改造而进行的贷款政策不尽相同，有的地方危房改造贷款有其特定的利率，一般低于正常贷款利率；有的地方危房贷款利率与正常贷款利率一样，只是由农户和政府共同承担；还有的地方，在规定的前几年，采用政府贴息的方式支付危房贷款产生的利息。但不论何种方式支付危房贷款利息，对于金融机构来说，其贷款 FISIM 总产出都会增加。危房改造行业与金融业的相互关系如表 6-2 所示，可以看出，金融业为危房改造行业提供了贷款服务，因而贷款 FISIM 增加，进而金融业总产出会增加。

表 6-2　危房改造行业与金融业的相互关系

| | 危房改造行业 | | 消费 | 固定资本形成总额 | 总产出 |
	危房改造贷款（农户）	危房改造贷款（政府）			
危房改造行业			+	+	+
金融业	+	+			+
FISIM	+	+			+

注："+"表示该处数值会增加。

　　综观以上分析，从农村危房改造政府补助金到账情况看，这部分资金是直接进入需进行危房改造的农户账户。从资金运作机理看，这部分资金专用于农户危房改造，即这部分资金在农户的账目上，但也只能用于危房改造，不得挪作他用。从这一点来看，这一部分资金也可以看作是财政直接对危房改造行业的投入，此时的农户与施工单位都属于房屋建设阶段的直接建设者。因此，分析农村危房改造财政投入的传导作用，传导起点可以从农户和危房改造行业两个角度分析。

6.2.3　农村危房改造的多区域社会核算矩阵描述

　　农村危房改造作为脱贫攻坚的重要内容之一，是各级政府部门关注的核心问题之一。鉴于此，本章在传统社会核算矩阵结构的基础上加入危房改造行业，编制基于四大经济区域的 2016 年农村危房改造社会核算矩阵。根据图 5-2，危房改造行业与部分行业的投入产出关系，生产活动账户由 10 个行业部门构成；要素账户由劳动力要素和资本要素构成；住户部门分为农村住户和城镇住户。企业部门分为银行和其他企业部门。此外，还包括政府补贴账户、危房贷款账户、政府部门、投资储蓄部门、区域外及国外部门。其中，为了分析政府对贫困农户的补贴对行业、居民收入分配的影响，本章将政府

补贴账户归为内生账户。因此，本章农村危房改造宏观社会核算矩阵的内生
账户包括生产活动账户、要素账户、政府补贴账户、危房贷款账户、其他企
业部门账户，其他为外生账户。构建的宏观四地区农村危房改造及采用最小
二乘法平衡后的结果如表6-3所示。表6-4和表6-5列示了细分农村危房
改造社会核算矩阵中包含的账户。

表6-3　2016年中国农村危房改造宏观社会核算矩阵　　单位：万亿元

	生产活动	要素	政府补贴	危房贷款	住户	企业	政府	银行	投资	区域外	国外	合计
生产活动	207.29	0.00	0.00	0.00	31.86	0.00	6.41	0.00	49.00	18.04	25.83	338.43
要素	64.04	0.00	0.00	0.00	0.00	0.00	0.00	0.00	0.00	0.00	0.00	64.04
政府补贴	0.00	0.00	0.00	0.00	0.00	0.00	0.04	0.00	0.00	0.00	0.00	0.04
危房贷款	0.00	0.00	0.00	0.00	0.00	0.00	0.00	0.09	0.00	0.00	0.00	0.09
住户	0.00	37.08	0.04	0.09	0.00	6.96	2.17	20.71	0.00	0.00	0.00	67.05
企业	0.00	25.83	0.00	0.00	0.00	0.00	0.00	6.74	0.00	0.00	0.00	32.57
政府	19.79	0.00	0.00	0.00	0.00	0.00	0.00	0.00	0.00	0.00	0.00	19.79
银行	0.00	0.00	0.00	0.00	2.38	16.64	3.95	0.00	0.00	0.00	5.00	27.97
投资	0.00	0.00	0.00	0.00	32.81	8.97	7.22	0.00	0.00	0.00	0.00	49.00
区域外	18.04	0.00	0.00	0.00	0.00	0.00	0.00	0.00	0.00	0.00	0.00	18.04
国外	29.26	1.14	0.00	0.00	0.00	0.00	0.00	0.43	0.00	0.00	0.00	30.83
合计	338.42	64.04	0.04	0.09	67.05	32.57	19.79	27.97	49.00	18.04	30.83	

注：数据来源于危房改造相关政策文件、《中国区域间投入产出表2010》，各省、自治
区、直辖市《投入产出表2012》《中国统计年鉴（2016）》等资料整理计算。

表6-4　2016年中国农村危房改造社会核算矩阵中的细分账户（分区域）

	产业/产品部门	区域	代码	区域	代码	区域	代码	区域	代码
活动	1. 采矿业	东北	sec1	东部	sec25	西部	sec49	中部	sec73
	2. 工业——电力、热力等	东北	sec2	东部	sec26	西部	sec50	中部	sec74
	3. 房地产业等	东北	sec3	东部	sec27	西部	sec51	中部	sec75

续表

产业/产品部门		区域	代码	区域	代码	区域	代码	区域	代码
活动	4. 服务业——其他	东北	sec4	东部	sec28	西部	sec52	中部	sec76
	5. 建筑业——其他	东北	sec5	东部	sec29	西部	sec53	中部	sec77
	6. 危房改造行业	东北	sec6	东部	sec30	西部	sec54	中部	sec78
	7. 交通运输、仓储和邮政业	东北	sec7	东部	sec31	西部	sec55	中部	sec79
	8. 金融业	东北	sec8	东部	sec32	西部	sec56	中部	sec80
	9. 农业	东北	sec9	东部	sec33	西部	sec57	中部	sec81
	10. 制造业	东北	sec10	东部	sec34	西部	sec58	中部	sec82
产品	1. 采矿业	东北	sec11	东部	sec35	西部	sec59	中部	sec83
	2. 工业——电力、热力等	东北	sec12	东部	sec36	西部	sec60	中部	sec84
	3. 房地产业等	东北	sec13	东部	sec37	西部	sec61	中部	sec85
	4. 服务业——其他	东北	sec14	东部	sec38	西部	sec62	中部	sec86
	5. 建筑业——其他	东北	sec15	东部	sec39	西部	sec63	中部	sec87
	6. 危房改造行业	东北	sec16	东部	sec40	西部	sec64	中部	sec88
	7. 交通运输、仓储和邮政业	东北	sec17	东部	sec41	西部	sec65	中部	sec89
	8. 金融业	东北	sec18	东部	sec42	西部	sec66	中部	sec90
	9. 农业	东北	sec19	东部	sec43	西部	sec67	中部	sec91
	10. 制造业	东北	sec20	东部	sec44	西部	sec68	中部	sec92
劳动要素		东北	sec21	东部	sec45	西部	sec69	中部	sec93
资本要素		东北	sec22	东部	sec46	西部	sec70	中部	sec94
政府补贴		东北	sec23	东部	sec47	西部	sec71	中部	sec95
危房贷款		东北	sec24	东部	sec48	西部	sec72	中部	sec96

表 6 – 5   2016 年中国农村危房改造社会核算矩阵中的总体账户

部门	代码	部门	代码
农村住户	sec97	银行	sec101
城镇住户	sec98	国外	sec102
政府	sec99	区域外	sec103
企业	sec100	投资储蓄	sec104

6.3　财政转移支付收入分配效应的社会核算矩阵关联路径分析模型

把社会核算矩阵各账户对应的指标看作一个变量，则通过这些变量便可构建经济循环系统中外生账户的注入对内生账户变化影响的关联分析模型。

6.3.1　社会核算矩阵乘数分析模型

内生账户的变化主要从收入、支出和成本等方面考察。内生账户收入变化主要是指外生冲击变化对内生账户绝对收入和相对收入变化的影响。内生账户支出变化主要是指外生冲击变化对内生账户支出模式变动的影响。内生账户成本变化主要是指外生冲击导致某一部门产品价格变化，进而通过复杂经济系统的关联性传导至各个部门，最终对居民等部门收入与支出的影响。

为了建立社会核算矩阵的关联分析模型，把社会核算矩阵账户区分为内生账户和外生账户。记 $\boldsymbol{y}_n$ 为内生账户的收入列向量，$\boldsymbol{x}$ 为外生账户行和向量，$\boldsymbol{n}$ 为内生账户交易矩阵的行和向量，$\boldsymbol{A}_n$ 为内生变量平均支出倾向矩阵，$\boldsymbol{C}_n$ 为内生变量边际支出倾向矩阵，$\boldsymbol{I}$ 为单位矩阵，$\boldsymbol{M}_a$ 为账户乘数矩阵，则外生账户注入对内生账户绝对收入水平变化影响，即账户乘数模型，如式（6 - 1）所示。

$$\boldsymbol{y}_n = (\boldsymbol{I} - \boldsymbol{A}_n)^{-1} \cdot \boldsymbol{x} = \boldsymbol{M}_a \cdot \boldsymbol{x}$$
$$= [\boldsymbol{I} + (\boldsymbol{M}_{a1} - \boldsymbol{I}) + (\boldsymbol{M}_{a2} - \boldsymbol{I})\boldsymbol{M}_{a1} + (\boldsymbol{M}_{a3} - \boldsymbol{I})\boldsymbol{M}_{a2}\boldsymbol{M}_{a1}]\boldsymbol{x}$$

$$\boldsymbol{M}_{a1} = (\boldsymbol{I} - \widetilde{\boldsymbol{A}}_n)^{-1}$$

$$\boldsymbol{M}_{a2} = (\boldsymbol{I} - \boldsymbol{A}^* + \boldsymbol{A}^{*2})$$

$$\boldsymbol{M}_{a3} = (\boldsymbol{I} - \boldsymbol{A}^{*3})^{-1}$$

$$\boldsymbol{A}_n = \begin{bmatrix} 0 & 0 & \boldsymbol{A}_{13} \\ \boldsymbol{A}_{21} & \boldsymbol{A}_{22} & 0 \\ 0 & \boldsymbol{A}_{32} & \boldsymbol{A}_{33} \end{bmatrix}$$

$$\widetilde{\boldsymbol{A}}_n = \begin{bmatrix} 0 & 0 & 0 \\ 0 & \boldsymbol{A}_{22} & 0 \\ 0 & 0 & \boldsymbol{A}_{33} \end{bmatrix}$$

$$\widetilde{\boldsymbol{A}} = \begin{bmatrix} 0 & 0 & 0 \\ (\boldsymbol{I}-\boldsymbol{A}_{22})^{-1}\boldsymbol{A}_{21} & 0 & 0 \\ 0 & (\boldsymbol{I}-\boldsymbol{A}_{33})^{-1}\boldsymbol{A}_{32} & 0 \end{bmatrix} \quad (6-1)$$

研究内生账户绝对收入水平的变化非常重要，某一部门相对位置的影响也非常重要。当内生账户总收入保持不变时，外生冲击对内生账户收入水平产生的影响，即内生账户相对收入的变化。为衡量内生账户相对收入的变化，将式（6-1）中的 $\boldsymbol{y}_n$ 标准化，标准化因子为内生账户收入之和的倒数，即 $[\boldsymbol{e}'(\boldsymbol{I}-\boldsymbol{A}_n)^{-1}\boldsymbol{x}]^{-1}$，则标准化的内生账户收入如式（6-2）所示。对式（6-2）取微分，可得到外生冲击引起内生账户相对收入变化模型，如式（6-3）所示。其中，$[\boldsymbol{e}'\boldsymbol{M}_a\boldsymbol{x}]^{-1}$ 为标量，通常分析时采用非单位化效应，表示内生账户总收入保持初始水平，一个单位外生注入产生的收入值，如式（6-4）所示。

$$\boldsymbol{y}_n^* = \boldsymbol{y}_n \cdot [\boldsymbol{e}'(\boldsymbol{I}-\boldsymbol{A}_n)^{-1}\boldsymbol{x}]^{-1} = \boldsymbol{M}_a\boldsymbol{x}[\boldsymbol{e}'\boldsymbol{M}_a\boldsymbol{x}]^{-1} \quad (6-2)$$

$$\begin{aligned} \mathrm{d}\boldsymbol{y}_n^* &= \mathrm{d}(\boldsymbol{M}_a\boldsymbol{x}[\boldsymbol{e}'\boldsymbol{M}_a\boldsymbol{x}]^{-1}) \\ &= \{[\boldsymbol{e}'\boldsymbol{M}_a\boldsymbol{x}]^{-1}\boldsymbol{M}_a - [\boldsymbol{e}'\boldsymbol{M}_a\boldsymbol{x}]^{-2}\boldsymbol{M}_a\boldsymbol{x}\boldsymbol{e}'\boldsymbol{M}_a\}\mathrm{d}\boldsymbol{x} \quad (6-3) \\ &= [\boldsymbol{e}'\boldsymbol{M}_a\boldsymbol{x}]^{-1}(\boldsymbol{I}-[\boldsymbol{e}'\boldsymbol{M}_a\boldsymbol{x}]^{-1}(\boldsymbol{M}_a\boldsymbol{x})\boldsymbol{e}')\boldsymbol{M}_a\mathrm{d}\boldsymbol{x} \end{aligned}$$

$$\boldsymbol{R} = (\boldsymbol{I}-[\boldsymbol{e}'\boldsymbol{M}_a\boldsymbol{x}]^{-1}(\boldsymbol{M}_a\boldsymbol{x})\boldsymbol{e}')\boldsymbol{M}_a \quad (6-4)$$

账户乘数模型和内生账户相对收入变化模型考察的是经济结构方面的信息。那么，价格保持不变的情况下，经济体的注入对内生账户支出模式变动影响的模型，称为固定价格乘数模型，如式（6-5）所示。与式（6-1）的不同之处在于，式（6-5）需引入边际支出倾向矩阵。

$$\begin{aligned} \mathrm{d}\boldsymbol{y}_n &= \mathrm{d}\boldsymbol{n} + \mathrm{d}\boldsymbol{x} \\ &= \boldsymbol{C}_n\mathrm{d}\boldsymbol{y} + \mathrm{d}\boldsymbol{x} \\ &= (\boldsymbol{I}-\boldsymbol{C}_n)^{-1}\mathrm{d}\boldsymbol{x} \end{aligned}$$

$$= M_c \mathrm{d}x$$

$$= [I + (M_{c1} - I) + (M_{c2} - I)M_{c1} + (M_{c3} - I)M_{c2}M_{c1}]x$$

$$= [I - M_a(C_n - A_n)]^{-1}M_a\mathrm{d}x$$

$$= M_y M_a \mathrm{d}x \qquad\qquad (6-5)$$

式中，矩阵 M_y 刻画了收入效应。

按照社会核算矩阵数量乘数（即账户乘数）与价格乘数的对偶关系，可得到社会核算矩阵价格乘数模型如式（6-6）所示。

$$M_a' = [I + (M_{a1}' - I) + (M_{a2}' - I)M_{a1} + (M_{a3}' - I)M_{a2}'M_{a1}'] \qquad (6-6)$$

6.3.2　社会核算矩阵结构化路径分析模型

账户乘数和价格乘数及其分解只能提供一个数量上的参考，无法获得账户之间的传导机制。社会核算矩阵本身是一个均衡的结构化数据体系，通过结构化路径分解将总的账户乘数分解为通过各个路径传递的效应之和，从而识别出经济体中每一种影响的传导路径，提供更加详细的乘数分解结果。结构化路径模型的具体表达式如式（6-7）所示。

$$I_{(i\to j)}^{G} = m_{aji} = \sum_{p=1}^{n} I_{(i\to j)p}^{T} = \sum_{p=1}^{n} I_{(i\to j)p}^{D} M_p \qquad (6-7)$$

式中，$I_{(i\to j)}^{G}$ 为路径 $(i\to j)$ 的总体影响；$I_{(i\to j)p}^{T}$、$I_{(i\to j)p}^{D}$ 分别为路径 $(i\to j)$ 中第 p 条路径的完全影响和直接影响；M_p 为第 p 条路径的路径乘数。

6.3.3　生产账户子矩阵动态化

为研究分析不同时域国民经济系统中各部门的动态关联关系，需将式（6-1）动态化得到不变系数的动态账户乘数模型和变系数动态账户乘数模型，如式（6-8）和式（6-9）所示。式（6-8）的假设是账户乘数 A_n 为不随时间变化而变化的常数矩阵。但实际中，随着国民经济的演化发展，尤其是技术进步的作用，A_n 中的子矩阵会随时间的变化而变化。因此将式（6-8）扩展为式（6-9）所示的变系数账户乘数模型，更能反映外生账户变动对内生账户影响的动态性。式(6-9) 的应用关键在于账户乘数 $A_n(t)$ 的确定，这对于动态社会核算矩阵分析具有重要意义。

$$y_n(t) = (I - A_n)^{-1} x(t) = M_a x(t) \qquad (6-8)$$

$$y_n(t) = [I - A_n(t)]^{-1} x(t) = M_a(t) x(t) \qquad (6-9)$$

技术进步是导致生产账户直接消耗系数变化的原因之一。假设当前采用的技术是新、旧技术的合成体，由于直接计算新、旧技术所占比重较为困难，考虑到此比重与技术进步水平密切相关，因此考虑用技术进步水平代替这一比重。本章将柯布-道格拉斯生产函数引入社会核算矩阵账户乘数建模，用以考虑 $A_n(t)$ 中生产账户乘数子矩阵的动态化。考虑中国经济区域发展的不平衡性，各地区相同行业可能没有内在联系，但各行业扰动项之间可能存在相关性。此外，各地区同一行业的异质性还可以表现为个体的不同时间趋势。例如，各地区的经济发展速度、技术进步速度有可能不同。为测度每个行业的技术进步水平，本章建立柯布-道格拉斯函数，针对每个行业分别建立东北地区、东部地区、西部地区和中部地区作为个体的考虑个体时间趋势的面板似不相关回归模型，如式(6-10) 所示。

$$\ln y_{it} - \ln y_{it-1}$$
$$= \ln A_i + \alpha_i (\ln l_{it} - \ln l_{it-1}) + \beta_i (\ln k_{it} - \ln k_{it-1})$$
$$+ \gamma_i + (\varepsilon_{it} - \varepsilon_{it-1})(i = 1, 2, 3, 4) \qquad (6-10)$$

式中，$\ln y_i$ 为第 i 地区某一行业的行业增加值；α_i 为劳动份额参数，β_i 为资本份额参数；γ_i 为因变量的平均增长率。

对于生产账户，参考刘晓华等（1994）提出的关于直接消耗系数动态的思想，国民经济系统采用旧技术条件下的直接消耗系数，记为 $a_{ij}^{(1)}$，技术进步对产出的作用记为 $d_j(t)$，则新、旧技术混合使用的产品直接消耗系数 $a_{ij}(t)$ 的计算如式(6-11) 所示。

$$a_{ij}(t) = a_{ij}^{(1)} - d_j(t) a_{ij}^{(1)} \qquad (6-11)$$

结合式(6-10) 和式(6-11) 得，技术进步对产出的作用计算如式(6-12) 所示。

$$d_j(t) = \frac{\ln A_i + \gamma_i}{\ln y_{it}} \times 100\% \tag{6-12}$$

因此,账户乘数矩阵中生产账户子矩阵采用式(6-11)和式(6-12)的动态化。

6.4　收入分配效应的乘数模型分析

本节利用前文编制的 2016 年中国农村危房改造社会核算矩阵作为分析对象,运用社会核算矩阵的账户乘数及其分解形式、相对乘数、结构化路径分析模型,分析财政投入政策冲击对产业部门、居民、企业等机构部门绝对收入、相对收入的影响。

6.4.1　生产活动部门及居民的绝对收入水平影响分析

表 6-6 和表 6-7 列示了四个地区危房改造行业外生注入 100 单位,对其他部门的乘数作用。可以看出,各部门的固定价格乘数均小于账户乘数,这是由于与危房改造行业密切相关的行业基本不是奢侈品行业,故固定价格乘数要小于账户乘数。因此,收入效应为负值。由表 6-6 及表 6-7 可知,对产业部门来说,除中部地区外,每一地区的危房改造行业外生注入 100 单位,对本地区某一产业部门的乘数效应最大。例如,由表 6-6 可知,东北地区危房改造行业注入 100 单位,对东北地区制造业的影响最大,账户乘数为 80.35,其中转移效应为 65.37,闭环效应 14.98。对应的固定价格乘数为 66.34,其中转移效应为 65.37,闭环效应为 0.97。可以看出,对危房改造行业的外生注入通过闭环效应引起的对制造业的新增需求,基于账户乘数计算得到的新增需求大于基于固定价格乘数计算得到的新增需求。对其他地区产业部门的乘数作用,主要为东部交通运输业(账户乘数为 52.58)、西部制造业(账户乘数为 29.55)。危房改造行业通过闭环效应引致的东部交通运输业、西部制造业的新增需求分别为 17.23 和 10.09。

表 6-6 东北地区、东部地区危房改造行业账户乘数效应与固定价格乘数效应

作用始点	终端	账户乘数效应				收入效应	固定价格乘数效应			
		转移效应	开环效应	闭环效应	账户乘数		固定价格乘数	闭环效应	开环效应	转移效应
东北危房改造行业(100)	东北制造业	65.37	0.00	14.98	80.35	−14.00	66.34	0.97	0.00	65.37
	城镇居民	0.00	42.07	14.92	57.00	−12.73	44.26	2.19	42.07	0.00
	东部交通运输业	35.35	0.00	17.23	52.58	−12.64	39.94	4.59	0.00	35.35
	企业	0.00	29.85	10.61	40.46	−8.89	31.57	1.72	29.85	0.00
	东北劳动要素	0.00	32.77	5.57	38.34	−5.14	33.20	0.44	32.77	0.00
	东北资本要素	0.00	25.80	5.12	30.91	−4.64	26.27	0.47	25.80	0.00
	西部制造业	19.46	0.00	10.09	29.55	−8.80	20.75	1.29	0.00	19.46
	东部制造业	15.89	0.00	8.26	24.15	−6.17	17.97	2.09	0.00	15.89
	西部交通运输业	15.53	0.00	8.41	23.93	−7.00	16.93	1.41	0.00	15.53
	西部电力、热力、燃气等	12.16	0.00	6.21	18.38	−5.33	13.05	0.89	0.00	12.16
	东北采矿业	13.17	0.00	3.13	16.31	−2.76	13.55	0.37	0.00	13.17
	东北农业	11.48	0.00	4.48	15.96	−4.26	11.69	0.21	0.00	11.48
	东北建筑业——其他	9.35	0.00	4.62	13.97	−4.20	9.76	0.42	0.00	9.35
	农村居民	0.00	9.39	3.54	12.93	−3.02	9.91	0.52	9.39	0.00
	中部制造业	4.12	0.00	8.29	12.41	−7.55	4.86	0.74	0.00	4.12
	中部建筑业——其他	3.91	0.00	5.92	9.84	−4.51	5.33	1.42	0.00	3.91
	东北金融业	7.05	0.00	2.41	9.46	−2.03	7.43	0.38	0.00	7.05
东部危房改造行业(100)	东部交通运输业	255.02	0.00	15.70	270.72	−11.51	259.21	4.19	0.00	255.02
	东部制造业	106.12	0.00	7.53	113.65	−5.63	108.02	1.90	0.00	106.12
	企业	0.00	48.26	9.67	57.93	−8.10	49.83	1.57	48.26	0.00
	东部资本要素	0.00	50.95	1.32	52.27	−0.92	51.34	0.40	50.95	0.00
	城镇居民	0.00	38.65	13.60	52.25	−11.60	40.65	2.00	38.65	0.00
	东部劳动力要素	0.00	29.85	1.46	31.31	−1.00	30.32	0.46	29.85	0.00

作用始点	终端	账户乘数效应				收入效应	固定价格乘数效应			
		转移效应	开环效应	闭环效应	账户乘数		固定价格乘数	闭环效应	开环效应	转移效应
东部危房改造行业（100）	东部金融业	23.71	0.00	1.45	25.16	−1.01	24.15	0.44	0.00	23.71
	东部建筑业——其他	21.14	0.00	1.56	22.69	−1.06	21.63	0.49	0.00	21.14
	东北制造业	7.91	0.00	13.66	21.57	−12.77	8.80	0.89	0.00	7.91
	西部制造业	4.77	0.00	9.19	13.96	−8.01	5.94	1.18	0.00	4.77
	西部交通运输业	4.00	0.00	7.66	11.66	−6.38	5.28	1.28	0.00	4.00
	农村居民	0.00	8.40	3.23	11.62	−2.75	8.87	0.48	8.40	0.00
	东部服务业——其他	9.42	0.00	1.07	10.49	−0.80	9.69	0.27	0.00	9.42

表 6-7　中部地区、西部地区危房改造行业账户乘数和固定价格乘数效应

作用始点	终端	账户乘数效应				收入效应	固定价格乘数效应			
		转移效应	开环效应	闭环效应	账户乘数		固定价格乘数	闭环效应	开环效应	转移效应
中部危房改造行业（100）	城镇居民	0.00	45.39	16.20	61.59	−13.83	47.77	2.38	45.39	0.00
	东部交通运输业	37.85	0.00	18.70	56.56	−13.72	42.84	4.98	0.00	37.85
	中部制造业	42.63	0.00	9.01	51.64	−8.20	43.44	0.80	0.00	42.63
	企业	0.00	33.37	11.52	44.89	−9.66	35.24	1.86	33.37	0.00
	中部劳动力	0.00	34.50	5.06	39.56	−4.27	35.29	0.80	34.50	0.00
	东北制造业	19.15	0.00	16.25	35.39	−15.20	20.20	1.05	0.00	19.15
	中部建筑业——其他	24.57	0.00	6.44	31.01	−4.90	26.11	1.54	0.00	24.57
	中部资本要素	0.00	26.66	2.95	29.61	−2.37	27.25	0.59	26.66	0.00
	中部服务业——其他	23.66	0.00	5.50	29.16	−4.82	24.34	0.68	0.00	23.66
	西部制造业	17.31	0.00	10.96	28.27	−9.56	18.71	1.40	0.00	17.31

续表

作用始点	终端	账户乘数效应				收入效应	固定价格乘数效应			
		转移效应	开环效应	闭环效应	账户乘数		固定价格乘数	闭环效应	开环效应	转移效应
中部危房改造行业（100）	东部制造业	17.91	0.00	8.97	26.88	−6.70	20.18	2.26	0.00	17.91
	西部交通运输等	14.06	0.00	9.13	23.19	−7.61	15.58	1.52	0.00	14.06
	中部交通运输业	14.11	0.00	2.65	16.76	−2.14	14.62	0.51	0.00	14.11
	西部电力、热力等	9.58	0.00	6.75	16.33	−5.78	10.54	0.96	0.00	9.58
	农村居民	0.00	10.35	3.85	14.19	−3.28	10.91	0.57	10.35	0.00
	中部金融业	10.50	0.00	2.16	12.66	−1.32	11.34	0.84	0.00	10.50
	中部采矿业	9.61	0.00	2.42	12.04	−1.87	10.17	0.55	0.00	9.61
	中部房地产等	8.75	0.00	3.14	11.89	−1.99	9.90	1.15	0.00	8.75
西部危房改造行业（100）	西部制造业	61.41	0.00	9.61	71.01	−8.39	62.63	1.22	0.00	61.41
	西部交通运输业	50.75	0.00	8.00	58.75	−6.67	52.08	1.33	0.00	50.75
	企业	0.00	47.42	10.06	57.48	−8.44	49.04	1.62	47.42	0.00
	城镇居民	0.00	38.10	14.16	52.26	−12.10	40.16	2.06	38.10	0.00
	西部资本	0.00	49.13	2.66	51.80	−2.19	49.60	0.47	49.13	0.00
	西部电力、热力等	32.21	0.00	5.91	38.12	−5.07	33.05	0.84	0.00	32.21
	东部交通运输业	20.45	0.00	16.32	36.77	−11.99	24.78	4.33	0.00	20.45
	西部劳动力	0.00	27.53	3.22	30.75	−2.73	28.02	0.49	27.53	0.00
	东北制造业	9.82	0.00	14.14	23.96	−13.23	10.73	0.91	0.00	9.82
	东部制造业	9.57	0.00	7.83	17.40	−5.86	11.54	1.97	0.00	9.57
	西部服务业——其他	13.13	0.00	3.26	16.39	−2.88	13.50	0.37	0.00	13.13
	西部建筑业——其他	13.66	0.00	2.64	16.30	−2.13	14.18	0.52	0.00	13.66
	农村居民	0.00	9.84	3.36	13.21	−2.87	10.34	0.49	9.84	0.00
	西部金融业	10.81	0.00	1.89	12.71	−1.38	11.33	0.51	0.00	10.81

与东北地区相比,东部地区危房改造行业对本地区产业乘数效应较大,账户乘数排名前三的依次为东部交通运输业、东部制造业和东部金融业,这与东部地区为中国经济较发达的地区有关,说明东部危房改造行业所需主要中间投入基本由地区内部供应。具体看,东部地区的危房改造行业注入 100 单位,对东部地区的交通运输业乘数效应最大,账户乘数达到270.72,固定价格乘数为 259.21。东部制造业次之,账户乘数为 113.65,固定价格乘数为 108.02。东部金融业的账户乘数与固定价格乘数基本接近,说明东部金融业接近高档需求。西部地区危房改造行业注入 100 单位后的乘数效应,基本与东部地区类似,账户乘数排名前三的是西部地区内部产业,这与国家危房改造政策目的相符,西部地区是中国危房改造最多的地区,也是财政补助金拨款最多的地区,利用当地资源进行危房改造也有利于带动地区内经济的发展。中部地区与其他三个地区不同,表 6 - 7 显示,中部地区危房改造行业注入 100 单位,对东部的交通运输业的乘数效应最大,为 56.56;其次为中部制造业,账户乘数为 51.64;再次为东北制造业,账户乘数为 35.39。其中东北制造业的收入效应绝对值最大,为 −15.20,这说明东北制造业可能为东部危房改造行业所需的必需中间投入。

对要素账户的影响方面,四个地区危房改造行业注入 100 单位,对劳动力要素账户的影响基本一致,账户乘数为 30.75～39.56。对机构部门的乘数效应方面,四个地区的城镇居民的账户乘数均大于农村居民的账户乘数,这是因为城镇居民的总体收入大于农村居民的总体收入。从农村居民的账户乘数看,危房改造行业对农村居民的乘数效应不是很大,为 11.62～14.19。中部地区危房改造行业注入 100 单位,对农村居民的乘数效应最大,账户乘数为 14.19,其中开环效应为 10.35,闭环效应为 3.85。这说明中部地区危房改造行业对农村居民的影响主要为开环效应,由于农村居民与国民经济中其他部门的联系微弱,因此闭环效应较低。西部地区农村居民乘数效应次之。

表 6 - 8 列示了危房改造财政补助金外生注入引起的各部门账户乘数效应。可以看出,危房补贴乘数效应较大的行业为交通运输业和制造业。具体

看，危房补贴注入 1 单位，乘数效应排名前 6 的产业部门分别有：东部交通运输业的收入增加 0.54 单位，东北制造业收入增加 0.43 单位，西部制造业的收入增加 0.35 单位，中部制造业的收入增加 0.30 单位，西部交通运输业的收入增加 0.29 单位，东部制造业的收入增加 0.26 单位。对居民账户来说，危房补贴每增加 1 单位，农村居民的收入增加 1.12 单位，其中转移乘数为 1 单位，闭环效应为 0.12 单位；城镇居民的收入增加 0.48 单位，主要表现为闭环效应。这说明危房补贴带来农村居民的收入增加小于城镇居民收入的增加，这可能因为城镇居民收入基数大，与国民经济各部门的联系较多。

表 6-8　危房补贴账户乘数分解

部门	转移效应	开环效应	闭环效应	账户乘数	部门	转移效应	开环效应	闭环效应	账户乘数	部门	转移效应	开环效应	闭环效应	账户乘数
sec21	0.00	0.11	0.05	0.16	sec17	0.00	0.02	0.01	0.03	sec62	0.00	0.08	0.03	0.11
sec22	0.00	0.10	0.04	0.15	sec18	0.00	0.05	0.02	0.07	sec63	0.00	0.07	0.02	0.10
sec45	0.00	0.04	0.01	0.05	sec19	0.00	0.09	0.04	0.13	sec64	0.00	0.00	0.00	0.00
sec46	0.00	0.03	0.01	0.05	sec20	0.00	0.30	0.13	0.43	sec65	0.00	0.21	0.07	0.29
sec69	0.00	0.09	0.03	0.12	sec35	0.00	0.01	0.00	0.02	sec66	0.00	0.05	0.02	0.07
sec70	0.00	0.07	0.02	0.10	sec36	0.00	0.01	0.00	0.01	sec67	0.00	0.04	0.01	0.05
sec93	0.00	0.13	0.04	0.17	sec37	0.00	0.01	0.00	0.02	sec68	0.00	0.26	0.09	0.35
sec94	0.00	0.07	0.02	0.10	sec38	0.00	0.02	0.01	0.03	sec83	0.00	0.06	0.02	0.08
sec97	1.00	0.00	0.12	1.12	sec39	0.00	0.04	0.01	0.05	sec84	0.00	0.04	0.01	0.05
sec98	0.00	0.00	0.48	0.48	sec40	0.00	0.00	0.00	0.00	sec85	0.00	0.09	0.03	0.11
sec100	0.00	0.00	0.34	0.34	sec41	0.00	0.39	0.15	0.54	sec86	0.00	0.13	0.04	0.18
sec11	0.00	0.07	0.03	0.09	sec42	0.00	0.04	0.01	0.05	sec87	0.00	0.16	0.05	0.21
sec12	0.00	0.03	0.01	0.04	sec43	0.00	0.01	0.00	0.02	sec88	0.00	0.00	0.00	0.00
sec13	0.00	0.04	0.02	0.06	sec44	0.00	0.19	0.07	0.26	sec89	0.00	0.06	0.02	0.09
sec14	0.00	0.06	0.03	0.09	sec59	0.00	0.00	0.00	0.00	sec90	0.00	0.05	0.02	0.07
sec15	0.00	0.10	0.04	0.14	sec60	0.00	0.16	0.05	0.21	sec91	0.00	0.09	0.02	0.11
sec16	0.00	0.00	0.00	0.00	sec61	0.00	0.05	0.02	0.07	sec92	0.00	0.22	0.07	0.30

6.4.2　生产活动部门及居民的相对收入水平影响分析

1. 危房改造行业对生产部门及居民收入水平的影响

危房改造行业对生产部门的相对收入水平的影响，表现为国民经济系统中各生产活动部门之间报酬的转移。表 6-9 列示了产业部门中，东北、东部、西部和中部地区危房改造行业的乘数矩阵。由表 6-9 可知，各地区农村危房改造的财政补贴外生注入会引起不同地区危房改造行业产出的增加，进而对地区其他行业收入产生不同的影响。分别增加四个地区危房改造行业的产出会降低东北地区房地产业、其他服务业、制造业等相对收入，降低西部采矿业、制造业的相对收入，降低中部地区房地产业、其他服务业的相对收入。分别增加四个地区危房改造行业的产出会增加东北地区采矿业、农业的相对收入，增加东部地区交通运输业、金融业的相对收入。其他行业部门方面，四个地区危房改造行业产出增加带来其他产业的相对收入变化有所不同。例如，东北地区危房改造行业产出增加会增加东北地区的采矿业、电力、燃气、金融业、农业等产业的相对收入，增加东部地区交通运输业、金融业、制造业等产业的相对收入，增加中西部地区其他建筑服务业的相对收入，降低其他产业部门的相对收入。而东部、西部和中部地区危房改造行业产出的增加会降低东北地区电力行业、金融业、制造业等行业的相对收入。从危房改造行业对所有生产部门的总的收入分配效应看，东北地区为 0.42，东部地区为 1.00，西部地区为 0.26，中部地区为 0.49，总体上危房改造行业产出增加会增加其他产业部门的相对收入。

表 6-10 为危房改造行业对各生产部门产生的净乘数效应，反映危房改造行业产出的增加对其他产业部门相对地位的促进作用。总体上看，东北地区、东部地区、中部地区危房改造行业对本地区内部及本地区之外的其他地区产业部门的相对地位具有促进作用。其中，东部地区最大，危房改造行业净乘数贡献为 0.64，东北地区最小，为 0.06。西部地区危房改造行业会降低本地区内部及本地区之外的其他地区产业部门的相对地位，净乘数贡献为 -0.10。

当危房改造行业受到外生冲击引起产出变化时，危房改造行业部门产生的增加值会通过要素账户分配到各机构部门账户。因此，危房改造行业的外生注入也会影响到住户部门的收入水平。由表 6-9 可以看出，四个地区的危房改造行业会降低居民的相对收入。其中，对城镇居民收入的降低作用大于对农村居民的。这可能是因为城镇居民的收入总体上高于农村居民收入。对东北地区居民相对收入的降低作用大于对其他地区的。由表 6-10 可知，与

表6-9的收入分配乘数不同，危房改造行业对居民部门的净乘数效应较小，但东北地区、西部地区和中部地区农村居民净乘数效应为正值，说明危房改造行业对这些地区的农村居民相对收入水平产生了较小的促进作用。这里的正值是由产业之间的相互作用而产生的净乘数贡献引起的，而表6-9中农村居民的收入分配乘数为负值，说明收入分配乘数是由危房改造行业的初始收入水平决定的。东部地区危房改造行业对农村居民的净乘数效应为负值，说明危房改造行业会降低东部农村居民的相对收入，这可能是因为东部地区各省经济较发达，危房改造政策向其他地区倾斜。对于城镇居民来说，四个地区的危房改造行业净乘数效应均为负值，说明危房改造会降低城镇居民的相对收入水平，这一特点与城镇居民收入分配乘数一致。

表6-9 四地区危房改造行业的乘数矩阵

部门	sec6	sec30	sec54	sec78	部门	sec6	sec30	sec54	sec78
sec11	0.14	0.02	0.04	0.05	sec59	−0.03	−0.04	−0.03	−0.03
sec12	0.01	−0.05	−0.03	−0.03	sec60	−0.07	−0.24	0.12	−0.11
sec13	−0.11	−0.15	−0.11	−0.12	sec61	−0.03	−0.06	0.00	−0.04
sec14	−0.20	−0.30	−0.23	−0.24	sec62	−0.07	−0.14	0.02	−0.08
sec15	0.02	−0.11	−0.06	−0.06	sec63	0.01	−0.05	0.10	0.00
sec16	1.00	0.00	0.00	0.00	sec64	0.00	0.00	1.02	0.00
sec17	0.00	−0.06	−0.04	−0.05	sec65	−0.08	−0.30	0.26	−0.12
sec18	0.01	−0.08	−0.05	−0.05	sec66	−0.01	−0.05	0.06	−0.02
sec19	0.14	0.03	0.04	0.05	sec67	−0.03	−0.05	−0.01	−0.03
sec20	−0.03	−0.88	−0.62	−0.57	sec68	0.00	−0.25	0.40	−0.05
sec35	0.00	0.04	0.00	0.00	sec83	−0.01	−0.04	−0.02	0.06
sec36	0.00	0.02	0.00	0.00	sec84	−0.02	−0.04	−0.03	0.02
sec37	−0.01	0.01	−0.01	−0.01	sec85	−0.09	−0.14	−0.10	−0.02
sec38	−0.02	0.05	−0.02	−0.02	sec86	−0.17	−0.26	−0.19	−0.02
sec39	0.04	0.21	0.02	0.04	sec87	0.01	−0.05	0.00	0.21
sec40	0.00	1.02	0.00	0.00	sec88	0.00	0.00	0.00	1.02
sec41	0.25	2.34	0.08	0.26	sec89	−0.08	−0.13	−0.09	0.03
sec42	0.02	0.22	0.01	0.02	sec90	−0.03	−0.06	−0.04	0.06
sec43	−0.01	0.01	−0.01	−0.01	sec91	−0.01	−0.03	−0.01	0.04
sec44	0.03	0.86	−0.04	0.04	sec92	−0.16	−0.28	−0.19	0.21
合计						0.42	1.00	0.26	0.49
sec97	−0.07	−0.02	−0.02	−0.02	sec98	−0.66	−0.40	−0.38	−0.33

表 6 - 10　危房改造行业对各生产部门产生的净乘数效应

部门	sec6	sec30	sec54	sec78	部门	sec6	sec30	sec54	sec78
sec11	0.14	0.02	0.05	0.05	sec59	−0.02	−0.03	−0.02	−0.03
sec12	0.01	−0.04	−0.02	−0.02	sec60	−0.03	−0.21	0.16	−0.08
sec13	−0.09	−0.13	−0.10	−0.10	sec61	−0.02	−0.05	0.01	−0.03
sec14	−0.16	−0.27	−0.19	−0.20	sec62	−0.05	−0.12	0.04	−0.06
sec15	0.03	−0.09	−0.05	−0.04	sec63	0.02	−0.04	0.11	0.01
sec16	0.00	0.00	0.00	0.00	sec64	0.00	0.00	0.02	0.00
sec17	0.01	−0.05	−0.03	−0.03	sec65	−0.04	−0.26	0.30	−0.08
sec18	0.02	−0.07	−0.04	−0.04	sec66	0.00	−0.04	0.07	−0.01
sec19	0.14	0.03	0.04	0.06	sec67	−0.02	−0.04	0.00	−0.02
sec20	0.09	−0.76	−0.50	−0.45	sec68	0.04	−0.21	0.45	0.00
sec35	0.00	0.04	0.00	0.00	sec83	0.00	−0.03	−0.01	0.07
sec36	0.00	0.02	0.00	0.00	sec84	−0.02	−0.03	−0.02	0.07
sec37	−0.01	0.01	−0.01	−0.01	sec85	−0.07	−0.12	−0.08	−0.01
sec38	−0.01	0.06	−0.02	−0.01	sec86	−0.14	−0.23	−0.15	0.06
sec39	0.04	0.21	0.03	0.04	sec87	0.02	−0.03	0.02	0.23
sec40	0.00	0.02	0.00	0.00	sec88	0.00	0.00	0.00	0.02
sec41	0.29	2.38	0.12	0.30	sec89	−0.06	−0.12	−0.07	0.05
sec42	0.02	0.22	0.01	0.02	sec90	−0.02	−0.05	−0.03	0.07
sec43	−0.01	0.01	−0.01	−0.01	sec91	0.00	−0.03	−0.01	0.05
sec44	0.06	0.89	−0.01	0.07	sec92	−0.12	−0.24	−0.15	0.25
合计						0.06	0.64	−0.10	0.13
sec97	0.005	−0.054	0.003	0.002	sec98	−0.204	−0.530	−0.277	−0.253

2. 危房补贴对产业部门与居民相对收入水平的影响分析

根据图 5-2，由于危房改造财政补助金是直接拨款到农户账户，故也可从危房补贴对居民相对收入的角度进行考察。由于各账户之间的相互作用，农户收到危房改造财政补助金外生注入会对产业部门和居民的相对收入水平产生影响。表 6－11 反映了危房改造财政补贴对产业部门与居民相对收入的影响及净乘数贡献。可以看出，危房改造财政补助金对东北地区的采矿业、农业，东部地区的电力业、其他建筑业、交通运输业、金融业、制造业，西部地区的制造业，中部地区的采矿业、农业等的相对收入具有促进作用。对其他产业部门的相对收入具有降低作用。从净乘数角度看，危房改造财政补助金对东部地区的交通运输业净乘数为正值且数值最大，对其他部门的净乘数数值小或为负值。对居民部门来说，危房改造财政补助金对农村居民相对收入产生促进作用，对城镇居民的相对收入产生负向作用。从净乘数效应来看，对农村居民的净乘数高于城镇居民的。这与农村危房改造仅针对农村符合标准的贫困农户政策有关。

表 6－11 危房改造财政补贴对产业部门与居民相对收入的影响及净乘数贡献

部门	收入分配乘数	净乘数贡献	部门	收入分配乘数	净乘数贡献	部门	收入分配乘数	净乘数贡献
sec11	0.066	0.069	sec39	0.040	0.041	sec67	−0.007	0.000
sec12	−0.017	−0.010	sec40	0.000	0.000	sec68	0.001	0.043
sec13	−0.091	−0.073	sec41	0.212	0.251	sec83	0.019	0.026
sec14	−0.213	−0.176	sec42	0.019	0.022	sec84	−0.004	0.003
sec15	−0.010	0.007	sec43	−0.006	−0.004	sec85	−0.041	−0.022
sec16	0.000	0.000	sec44	0.012	0.042	sec86	−0.110	−0.076
sec17	−0.032	−0.024	sec59	−0.033	−0.028	sec87	0.110	0.122
sec18	−0.030	−0.019	sec60	−0.084	−0.049	sec88	−0.001	0.000
sec19	0.109	0.112	sec61	−0.009	0.000	sec89	−0.060	−0.043
sec20	−0.546	−0.428	sec62	−0.048	−0.029	sec90	−0.004	0.005
sec35	0.000	0.002	sec63	0.022	0.031	sec91	0.056	0.063
sec36	0.002	0.002	sec64	0.001	0.001	sec92	−0.034	0.006
sec37	−0.004	−0.001	sec65	−0.090	−0.045	sec97	0.946	0.966
sec38	−0.012	−0.007	sec66	−0.005	0.004	sec98	−0.573	−0.446

3. 危房改造行业价格波动对居民的影响

在市场经济时代，价格外生冲击是影响国民经济平稳运行的重要因素之一。危房改造的兴起，会引起其他与危房改造相关行业的需求增加，从而引起相关原材料价格的上涨，进而影响到国民经济中各个部门，并且最终对居民的生活产生影响。对于贫困农民来说，价格变动将直接影响其贫困状况。政府财政补助金额是固定的，当危房改造的原材料价格上涨后，意味着农户需自筹更多资金以完成房屋改造。除了社会救助之外，农户自筹的资金主要还是来源于贷款，这样就会导致农户背负更多债务，生活更加贫困。

根据式(6-6)计算危房改造对各部门的价格影响乘数，如表6-12所示。可以看出，中、西部地区危房改造行业价格上涨对其他部门价格影响乘数较大。例如，西部地区危房改造行业价格上升1%，会导致东北地区采矿业价格上升0.024%、西部地区电力燃气价格上涨0.036%。此外，最初西部地区危房改造行业价格上升1单位，通过反馈作用，最终会导致西部地区危房改造行业价格上升1.603单位。从危房改造行业对整体国民经济的价格水平影响看，危房改造行业价格上升1单位，四个地区整体价格水平约上升2.5单位。这反映了危房改造行业对经济有一定的影响作用。表6-13列示了危房改造行业对要素与机构部门的价格乘数作用。可以看出，中、西部地区受到的危房改造行业价格变化影响较大。要素方面，对劳动力要素的影响大于对资本要素的影响。对居民生活影响方面，危房改造行业价格上升对农村居民和城镇居民的居民消费价格指数都有影响，其中对农村居民的居民消费价格指数影响较大。西部地区危房改造行业价格上升1%，将使得农村居民的居民消费价格指数上升0.164%，即西部地区危房改造行业价格对西部地区农村居民生活成本存在重大影响。中部地区危房改造价格上升对农村居民生活成本的影响次之。

表 6 - 12　危房改造对各部门的价格影响乘数　　　　（%）

部门	sec16	sec40	sec64	sec88	部门	sec16	sec40	sec64	sec88
sec11	0.007	0.005	0.024	0.013	sec59	0.004	0.005	0.029	0.014
sec12	0.010	0.004	0.019	0.011	sec60	0.006	0.005	0.036	0.015
sec13	0.003	0.004	0.018	0.010	sec61	0.005	0.005	0.027	0.013
sec14	0.003	0.005	0.024	0.014	sec62	0.006	0.006	0.045	0.016
sec15	0.004	0.005	0.022	0.012	sec63	0.005	0.006	0.031	0.015
sec16	100.402	0.005	0.021	0.012	sec64	0.004	0.004	101.603	0.012
sec17	0.004	0.005	0.022	0.012	sec65	0.008	0.006	0.033	0.016
sec18	0.004	0.004	0.019	0.011	sec66	0.006	0.005	0.038	0.014
sec19	0.007	0.004	0.020	0.011	sec67	0.005	0.009	0.045	0.023
sec20	0.003	0.004	0.017	0.009	sec68	0.005	0.005	0.031	0.014
sec35	0.002	0.007	0.017	0.010	sec83	0.004	0.004	0.020	0.021
sec36	0.003	0.037	0.020	0.010	sec84	0.004	0.004	0.021	0.043
sec37	0.002	0.007	0.018	0.010	sec85	0.005	0.005	0.023	0.023
sec38	0.003	0.013	0.024	0.013	sec86	0.007	0.005	0.025	0.039
sec39	0.003	0.008	0.023	0.013	sec87	0.005	0.005	0.025	0.023
sec40	0.002	101.726	0.018	0.010	sec88	0.004	0.005	0.023	102.572
sec41	0.003	0.010	0.021	0.012	sec89	0.006	0.006	0.024	0.027
sec42	0.003	0.011	0.021	0.012	sec90	0.006	0.005	0.022	0.036
sec43	0.003	0.009	0.031	0.017	sec91	0.004	0.007	0.034	0.022
sec44	0.003	0.010	0.020	0.012	sec92	0.004	0.005	0.022	0.026
平均值						2.514	2.550	2.564	2.581

表 6 - 13　危房改造行业对要素与机构部门的价格乘数作用　　　　（%）

	sec16	sec40	sec64	sec88
东北劳动力	0.004	0.008	0.040	0.022
东北资本	0.001	0.001	0.007	0.004
东部劳动力	0.004	0.009	0.042	0.022
东部资本	0.001	0.001	0.006	0.004
西部劳动力	0.005	0.010	0.051	0.027
西部资本	0.001	0.001	0.006	0.004
中部劳动力	0.004	0.008	0.041	0.022
中部资本	0.001	0.001	0.007	0.004
农村住户	0.013	0.033	0.164	0.082
城镇住户	0.002	0.002	0.010	0.007

6.5　收入分配效应的结构化路径分析

表 6-14 列示了外生冲击始于危房补贴账户时，对居民收入产生的影响。危房补贴对农村居民的总体影响为 1.12，路径分解的结果表明，危房补贴通过中间节点，如"危房补贴—农村居民—中部地区金融业—中部制造业—农村居民"的路径传导，传导比例为 2.98%，这说明危房补贴通过这种多节点传导至农村居民的比例非常小。所以，危房补贴对农户的传导作用主要表现为直接影响，即"危房补贴—农户"这条路径。危房补贴对城镇居民的总体影响为 0.48，路径分解结果表明，危房补贴通过中间节点传导至城镇居民，传导比例为 28.4%，说明这条路径是危房补贴传导到居民部门的重要路径。其中，"危房补贴—农村居民—中部金融业—中部制造业—城镇居民"这条路径，路径乘数为 1.6304，传导比例为 7.58%；"危房补贴—农村居民—东北其他服务业—东北劳动力—城镇居民"这条路径，路径乘数为 1.3831，传导比例为 4.51%。

表 6-14　危房补贴对居民收入的传导路径

始点	节点 1	节点 2	节点 3	终端	总体影响	直接影响	路径乘数	完全影响	传导比例
每一地区危房补贴	sec97	sec91	sec93	sec97	1.12	0.0056	1.4055	0.0079	0.71%
	sec97	sec67	sec69	sec97	1.12	0.0045	1.2055	0.0054	0.48%
	sec97	sec14	sec21	sec97	1.12	0.0038	1.2219	0.0047	0.42%
	sec97	sec20	sec21	sec97	1.12	0.0022	1.7539	0.0039	0.35%
	sec97	sec68	sec69	sec97	1.12	0.0019	1.7939	0.0034	0.31%
	sec97	sec92	sec93	sec97	1.12	0.0018	1.6340	0.0029	0.26%
	sec97	sec62	sec69	sec97	1.12	0.0021	1.3828	0.0028	0.25%
	sec97	sec86	sec93	sec97	1.12	0.0014	1.5488	0.0022	0.20%
	sec97	sec91	sec93	sec98	0.48	0.0225	1.6304	0.0367	7.58%
	sec97	sec14	sec21	sec98	0.48	0.0158	1.3831	0.0218	4.51%
	sec97	sec20	sec21	sec98	0.48	0.0092	1.9567	0.0180	3.71%
	sec97	sec67	sec69	sec98	0.48	0.0124	1.4218	0.0176	3.64%
	sec97	sec92	sec93	sec98	0.48	0.0071	1.8736	0.0133	2.75%
	sec97	sec68	sec69	sec98	0.48	0.0053	2.0826	0.0110	2.27%
	sec97	sec86	sec93	sec98	0.48	0.0057	1.7849	0.0101	2.09%
	sec97	sec62	sec69	sec98	0.48	0.0057	1.6225	0.0092	1.91%

　　表 6 - 15 列示了危房补贴对生产活动部门收入的影响。由表 6 - 15 可知，危房补贴账户主要通过中间节点农村居民账户对危房改造行业产生影响。"危房补贴—住户—生产部门"这条路径的影响中，传导比例为 50% 以上的产业从大到小排名前四的依次为：西部危房改造行业、东部危房改造行业、中部危房改造行业、东北危房改造行业。

表 6 - 15　危房补贴对生产活动部门收入的影响

始点	节点 1	终端	总体影响	直接影响	路径乘数	完全影响	传导比例
每一地区危房补贴	sec97	sec64	0.0016	0.0014	1.1339	0.0016	97.95%
	sec97	sec40	0.0003	0.0003	1.1354	0.0003	97.40%
	sec97	sec88	0.0008	0.0007	1.1448	0.0008	91.65%
	sec97	sec16	0.0001	0.0001	1.1207	0.0001	79.00%
	sec97	sec13	0.0616	0.0418	1.1400	0.0477	77.39%
	sec97	sec59	0.0018	0.0012	1.1174	0.0013	70.45%
	sec97	sec14	0.0903	0.0521	1.1678	0.0609	67.39%
	sec97	sec92	0.2959	0.1149	1.5900	0.1827	61.73%
	sec97	sec67	0.0472	0.0245	1.1751	0.0288	60.94%
	sec97	sec91	0.1121	0.0489	1.3621	0.0666	59.35%
	sec97	sec37	0.0181	0.0086	1.1726	0.0101	55.49%
	sec97	sec61	0.0660	0.0269	1.2724	0.0342	51.85%
	sec97	sec85	0.1117	0.0419	1.3509	0.0566	50.68%

　　表 6 - 16 列示了危房改造行业注入外生冲击后，对居民收入影响的传导路径。从总体影响看，中部地区危房改造行业对居民部门的总体影响最大。中部地区危房改造行业对中部地区农村居民的总体影响为 0.1419，对城镇居民的总体影响为 0.6159。路径分解结果表明，在危房改造行业外生冲击传导过程中，节点越多，路径乘数越大，说明直接影响被扩大的程度越高，但随着中间节点的增加，影响力会减小。从传导比例看，四个地区中，最短传导路径的传导比例为 28.3%～31.56%。

表 6-16　危房改造行业对居民收入影响的传导路径

始点	节点 1	节点 2	终端	直接影响	路径乘数	完全影响	总体影响	传导比例
sec16	—	sec21	sec97	0.0340	1.2016	0.0408	0.1293	31.56%
	sec20		sec97	0.0084	1.7609	0.0147	0.1293	11.38%
	—		sec98	0.1397	1.2804	0.1788	0.5700	31.38%
	sec20		sec98	0.0344	1.8479	0.0635	0.5700	11.14%
sec40	—	sec45	sec97	0.0262	1.1575	0.0304	0.1162	26.13%
	sec44		sec97	0.0015	3.4167	0.0050	0.1162	4.30%
	—		sec98	0.1021	1.2783	0.1305	0.5225	24.98%
	sec44		sec98	0.0057	3.7571	0.0214	0.5225	4.10%
sec64	—	sec69	sec97	0.0342	1.1732	0.0401	0.1321	30.38%
	sec68		sec97	0.0077	1.8222	0.0140	0.1321	10.62%
	—		sec98	0.0946	1.2998	0.1229	0.5226	23.52%
	sec68		sec98	0.0213	1.9968	0.0425	0.5226	8.13%
sec88	—	sec93	sec97	0.0334	1.2028	0.0402	0.1419	28.30%
	sec92		sec97	0.0038	1.6758	0.0063	0.1419	4.46%
	sec86		sec97	0.0028	1.5884	0.0045	0.1419	3.19%
	—		sec98	0.1339	1.3153	0.1761	0.6159	28.59%
	sec92		sec98	0.0151	1.8179	0.0275	0.6159	4.47%
	sec86		sec98	0.0114	1.7282	0.0197	0.6159	3.20%

由上述分析可以看出，财政补助金外生冲击危房改造行业和危房补贴账户对居民收入的影响是不同的。后者传导比例明显大于前者，这是因为危房补贴虽是直接进入农户账户，但这部分资金专用于危房改造，故此时的农户是生产者，不是消费者。因而危房补贴通过农户再到农户收入的影响必然小。

6.6 收入分配效应的动态乘数分析

根据式（6-11）和式（6-12）计算 2016 年与 2017 年四个地区的危房改造行业账户乘数动态变化如图 6-1～图 6-4 所示。本章的危房改造行业的技术进步参考的是建筑业的技术进步参数。可以看出，若危房改造行业与全国建

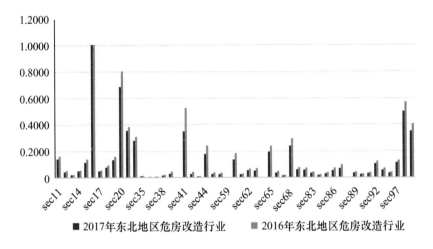

图 6-1 东北地区 2016 年与 2017 年危房改造行业账户乘数动态变化

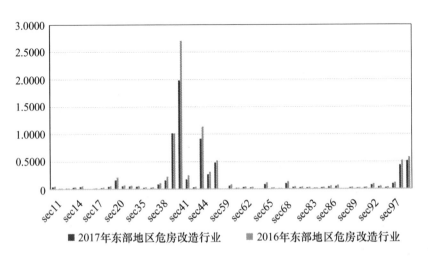

图 6-2 东部地区 2016 年与 2017 年危房改造行业账户乘数动态变化

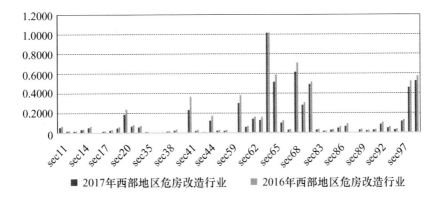

图 6 - 3　西部地区 2016 年与 2017 年危房改造行业账户乘数动态变化

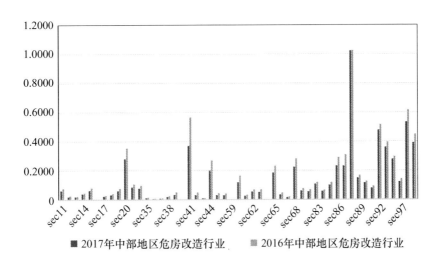

图 6 - 4　中部地区 2016 年和 2017 年危房改造行业账户乘数动态变化

筑行业保持一致，那么随着技术水平的进步，四个地区危房改造行业对其他
产业部门的账户乘数都会变小，这也意味着，技术进步带来的危房改造行业
支出变小，在相应危房改造财政补助金下，农户自筹资金可能会变少，在一
定程度上可能会减轻农户债务负担。

　　四个地区危房改造行业变化对各行业收入分配影响不尽相同。2017 年受
东北地区危房改造行业技术进步影响最大的行业为东北制造业、东部交通运

输业，这两个产业的账户乘数较 2016 年明显变小，说明东北的危房改造行业不仅对本地区内部行业有影响，对经济发达的东部地区也会产生一定的影响。2017 年受东部地区危房改造行业技术进步影响最大的行业为东部制造业和东部的交通运输业等，账户乘数明显较 2016 年变小，说明东部地区危房改造行业技术进步变化对本地区内部产业影响最大。2017 年受西部地区危房改造行业技术进步影响最大的行业为西部电力、燃气和水的生产与供应业、西部制造业和东部的交通运输业等，账户乘数明显较 2016 年变小，说明西部地区危房改造行业技术进步变化除对本地区内部产业有影响外，对东部地区也会产生一定影响。中部地区危房改造行业技术进步之后，受到影响最大的行业为东北地区制造业。除此之外，因危房改造行业技术进步，使得居民部门的账户乘数也发生了一定的变化。

6.7　政　策　启　示

本章通过理论分析危房改造行业与采矿业，交通运输业，电力、热力、燃气和水的生产和供应业及 FISIM 等的相关投入产出关系，对农村危房改造社会核算矩阵中的生产活动账户进行划分。采用多区域社会核算矩阵的关联路径分析方法，通过编制的中国 2016 年多区域农村危房改造细分社会核算矩阵，对农村危房改造的财政投入的收入分配效应进行了分析。分析结果如下。

（1）绝对收入角度。危房改造行业对当地某些产业有带动作用，并通过乘数作用、结构化路径进而对其他地区产生影响。对居民来说，由于城镇居民的收入基数大于农村居民，因此从绝对乘数的角度，无论是冲击危房改造行业还是危房补贴账户，城镇居民账户乘数均大于农村居民账户乘数。

（2）相对收入角度。从收入分配净乘数效应看，危房改造行业对城镇居民的相对收入具有反向作用。东北地区、西部地区和中部地区农村居民净乘数效应为正值，说明危房改造行业对这些地区的农村居民相对收入水平产生了较小的促进作用。

（3）危房改造行业价格变动直接影响总体价格水平、农村居民的生活成本及贫困状况，当农村危房改造财政补助金不变时，危房改造行业价格变动，对于房屋改造的农户来说，一方面完成房屋改造需自筹更多的资金，另一方面通过乘数作用使得农户的消费者价格指数上升，导致农户生活成本增加。因此，农村危房财政补助金需考虑价格上涨带来的收入分配效应。

（4）通过 2017 年危房改造行业的动态乘数分析可知，如果农村危房改造行业采用先进技术材料，那么既可以保证房屋改造后的质量，也可以在相应农村危房改造政府财政补助金下，减小农户的房屋改造支出成本，进而减轻农户的债务负担。

6.8　本 章 小 结

本章通过理论分析危房改造行业与采矿业、交通运输业、电力、热力、燃气和水的生产和供应及 FISIM 等的相关投入产出关系，对农村危房改造社会核算矩阵中的生产活动账户进行划分，编制中国 2016 年多区域农村危房改造细分社会核算矩阵，对农村危房改造的财政投入的收入分配效应进行了分析。分析结果表明如下。

第一，危房改造行业对当地某些产业有带动作用，并通过乘数作用、结构化路径进而对其他地区产生影响。

第二，对于居民部门，城镇居民绝对账户乘数均大于农村居民绝对账户乘数。从相对乘数看，危房改造行业对城镇居民的相对收入具有反向作用。但对东北地区、西部地区和中部地区农村居民相对收入水平产生了较小的促进作用。

第三，危房改造行业价格上升会通过乘数作用使得农户的消费者价格指数上升，导致农户生活成本增加。

第四，随着技术进步，农户的房屋改造支出成本会减小。

第 7 章　农村危房改造的促增长与惠民生效应测度研究

农村危房改造政策已实施多年，改造后的住房遍布全国各地。这一惠农富农政策解决了农村困难户的住房问题，使得农村村容村貌发生了大的变化，农民生活水平得到提高。那么，这一以"农户自筹"为主的农村危房改造政策对经济发展的促进作用有多大，对人民福利提高有多大影响？这是本章研究的重点问题。由于中国四大区域的经济发展水平、自然环境条件等存在一定差异，危房改造运动带来的促增长与惠民生效应可能不同。本章通过考虑地区属性构建非线性模型详细考察危房改造对经济增长和民生改善的作用。

7.1　农村危房改造影响经济和民生效应的测算原理

7.1.1　农村危房改造现状

伴随着中国经济的高质量发展，农村社会也发生着深刻的变化，人民生活水平逐步提高。从住房角度看，有出于致富原因而掀起的一轮又一轮的建房运动的受益者，更有政府出于民生角度的农村危房改造受益者。后者目前已普及全国范围，取得了一定的成效。农村危房改造从 2008 年的贵州试点开始，主要通过补助特定的农村困难家庭一定数额的资金以实施对危房的改造，改造家庭必须满足经济最困难、居住的房屋最危险的条件。2009 年，农村危房改造实施范围逐步扩大，完成了约 80 万户危房的改造，主要涉及陆地边境县、西部地区民族自治地方的县、国家扶贫开发工作重点县、贵州省全部县和新疆生产建设兵团边境一线团场。2012 年农村危房改造由试点转向全面实施，扩展到全国范围。改造资金主要以农户自筹为主，中央和地方政府补贴为辅，自筹资金方面主要表现为银行信贷和社会捐赠。截至 2018 年全国完成农村危房改造约 2700 万户。2009—2018 年全国农村危房改造户数与人均 GDP 变化关系如图 7 - 1 所示。由图 7 - 1 可知，从全国范围看，随着人均 GDP 的逐年升高，危房改造户数呈下降趋势，2015 年较 2014 年危房户数有所增加，这可能是由于 2015 年加大了用于地震高烈度设防地区农房抗震改造，致使补助资金和改造户数也有所增加。[①]

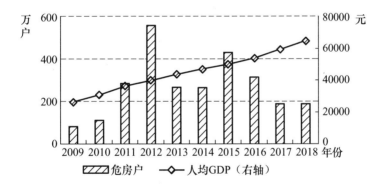

图 7 - 1　2009—2018 年全国农村危房改造户数与人均 GDP 变化关系

　　图 7 - 2 所示为 2016 年各省份危房改造计划完成数比较。由图 7 - 2 可知，北京、广东等东部省市不仅地区生产总值居于前列，人均 GDP 也靠前，总体看经济发展水平居于全国前列，其危房改造规模也比较小。北京人均 GDP 全国最高，危房改造规模低于全国平均水平，为全国最小。云南、湖南、内蒙古等中西部省份的危房改造规模高于全国平均水平，云南省的地

---

① 杜治仙，杜金柱，2018.“自筹为主，补贴为辅”的农房危改经济社会效应的 SAM 分析［J］.经济研究参考，（68）：37-48.

区生产总值全国排名靠后，人均地区生产总值也较低，危房改造规模全国排名第一。西藏、青海等虽属于西部省份，地区生产总值较小，人均 GDP 也较低，但其农村危房改造规模低于全国平均水平。东北三省之一的辽宁省，地区生产总值和人均 GDP 处于全国排名的中游水平，农村危房改造规模全国排名靠后。总体来看，经济发展水平高的东部地区、东北地区农村危房改造规模较小，经济发展整体落后的中西部地区农村危房改造规模较大。

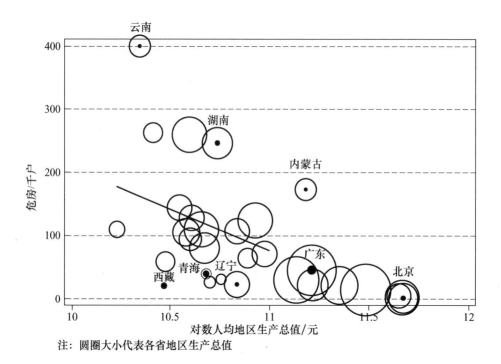

注：圆圈大小代表各省地区生产总值

图 7 - 2 2016 年各省份危房改造计划完成数比较

7.1.2 危房改造行业的界定

2008 年国民经济核算体系建议，如果住房维修活动通常是由业主完成，那么各国对住房相关活动进行核算时，应包括无偿住房修缮和住房改造项目活动创造的价值。它对住房的维修分为以下两个方面。一方面，由住户成员对住房进行"自行动手"修理与维护，包括装饰、维修和小型修理，以及配件的修理等。这些由租户和业主进行的简单、例行的修理和室内装饰被认为超出生产边界，属于服务生产的自有账户，被排除在系统的生产范围之外。这一过程中购买的材料作为最终消费支出处理。另一方面，业主进行的较大规模的修理，如重铺石膏板或修理屋顶，基本上是生产住房服务的中间投入。在实际中购买修理材料作为生产住房服务的中间投入记录。住宅的主要翻新或扩建是固定资本形成，并单独记录。自有住房方面，拥有自己居住的住房的人被视为拥有提供住房服务的非法人企业，住房服务由业主所属的家庭使用。所提供的住房服务的价值被认为与在市场上为同样大小、质量和类型的住房支付的租金相等。房屋服务的估算价值作为业主的最终消费支出入账。《国际标准产业分类》和中国国家统计局关于国民经济行业分类的规定中，住宅产业不是一个单独核算的产业部门。住宅产业的概念是日本在 20 世纪 60 年代最早提出的，它包括住宅生产供应、住宅经营流通及与居住生活密切相关的服务业等内容。郑思齐（2003）认为住宅产业既包括与建筑业相关的物质生产过程的住宅开发建设，又包含与房地产业相关的决策组织过程的住宅流通服务，是横跨第二产业和第三产业的独立和特殊的产业。

　　根据 2008 年联合国《国际标准产业分类》与国家标准《国民经济行业分类》（GB/T 4754—2017），本章将危房改造行业界定为包括建筑业中的农村危房的新建和危房大修理翻新、扩建，以及房地产业中农村危房改建后产生的自有住房等服务，是一个包含第二产业和第三产业的一个独立和特殊的产业，如表 7-1 所示。由表 7-1 可知，农村危房改造过程关于房屋的翻新、重建等活动属于房屋建筑，归属于建筑业，其产出流量分为对房地产业的中间投入和用于居民消费和固定资本形成等的最终使用。农村危房改造完成之后交付使用的住房，会产生自有住房服务，这部分记为居民消费。

表 7 - 1　危房改造行业相关账户

	建筑业 危房新建翻新等	房地产业 自有住房服务	居民消费	固定资本形成
建筑业 　　危房新建翻新等		√	√	√
房地产业 　　自有住房服务			√	

注："√"表示此处记录相应数值。

7.1.3　危房改造行业产出核算

2016 年农村危房改造行业核算方法如表 7 - 2 所示，危房改造行业总产出核算结果如附表 3 所示。

表 7 - 2　2016 年农村危房改造行业核算方法

相关指标	核算方法与数据来源
总产出	D 级危房总造价＋C 级危房总造价
总改造的危房户数	2016 年实际完成的户数。数据来源为各省份相关农村危房改造文件、相关新闻报纸资料
C 级户数	部分省份的 C 级户数为相关文件的数据，部分省份的 C 级户数为推算获得。利用某省的危房改造总户数、C 级危房和 D 级危房的财政补贴资金分配和总危房改造补贴资金推算
D 级户数	部分省份的 D 级户数为相关文件的数据，部分省份的 D 级户数为推算获得。方法同 C 级户数的推算方法
农村新建住房的单位造价/(元/平方米)	采用系数推算法。首先，计算 2012 年全国竣工房屋造价与全国农村居民家庭新建房屋价值的比值，作为推算系数。其次，利用 2016 年各省的竣工房造价除以这一系数，计算出 2016 年农村新建住房造价。其中农村居民家庭新建房屋价值来源于农村住户抽样调查
农村每户常住人口数	2016 年《中国统计年鉴》

续表

相关指标		核算方法与数据来源
危房每户面积		农村每户常住人口数乘以危房改造文件规定的人均平方米数
D 级危房每户造价/（元/平方米）		农村新建住房单位造价乘以危房每户面积数
D 级危房总造价		D 级危房每户造价乘以 D 级户数
C 级危房每户造价		C 级危房全国每户平均补贴 7500 元，D 级危房全国每户平均补贴 20000 元，C 级危房造价按补贴比例计算 3：8，为 D 级危房每户造价/8 * 3
C 级危房总造价		C 级危房每户造价乘以 C 级户数
财政拨款	中央拨款	财政部　住房城乡建设部关于下达 2016 年中央财政农村危房改造补助资金的通知，财社〔2016〕97 号
	省级拨款	2016 年部分省份农村危房改造补助资金分配文件、部分省份住房和城乡建设厅关于农村危房改造任务进展情况的通报、部分省份政府办公厅关于印发农村危房改造暨脱贫攻坚建档立卡贫困户危房改造实施方案的通知、部分省市农村危房改造补助资金管理使用情况的调研报告、部分省市政府日报（如湖北日报等）文件资料整理
	市、县级拨款	2016 年市、县级拨款的省份不多，有山西、内蒙古、吉林、上海、江西、广东、广西、海南、贵州、青海等省
金融机构贷款		危房改造总产出减去财政拨款计算。原则上不足资金由农户自筹，部分省份对于危房改造资金不足部分采取金融机构贷款的方式解决。2016—2018 年，对 D 级危房农户的危房拆除重建贷款提供贴息补助，给予 D 级危房拆除重建的农户每户不超过 3.5 万元危房拆除重建贷款 90％的贴息，贴息期限 1 年。贴息资金由省级财政和 D 级危房拆除重建农户所在地财政各承担 50％。本书将危房改造由农户自筹资金部分按照农户向金融机构贷款形式处理
住房服务		每年使用的住房价值按农村住房平均 50 年的寿命折旧

7.1.4 资本存量核算

记 K_t 为第 t 年的固定资本存量，I_t 为第 t 年的投资。a_t 为第 t 年的折旧额，δ 和 $1-\varphi$ 为固定资本折旧率，P_t 为第 t 年的固定资产投资价格指数，则行业 i 的第 t 年末的折旧额为

$$a_{it}=K_{it}\delta=K_{it}(1-\varphi) \tag{7-1}$$

行业 i 在第 t 年年末的资本存量为

$$K_{it}-K_{it}(1-\varphi)=K_{it}\varphi \tag{7-2}$$

对于任意一个行业，根据式(7-1) 和式(7-2) 结合固定资产投资价格指数可得资本存量与折旧之间的关系，如式(7-3) 所示。这是一个关于 φ 的 6 次方程。根据数据可得性，地区投入产出表每隔五年编制一次，采用 2002 年和 2007 年中国 30 个省（自治区、直辖市）的地区投入产出表数据，根据式(7-3) 计算 30 个省（自治区、直辖市）的每个行业的固定资本折旧率 $1-\varphi$，经汇总及数据处理，本章四个地区内部每个行业的折旧率取地区平均值，具体结果如附表 4 所示。根据式(7-4) 结合 2002 年地区投入产出表的各行业折旧额数据计算 2002 年的各行业资本存量 K_{2002}。以此为基准，结合 30 个省（自治区、直辖市）的 2007 年和 2012 年的以 2002 年为基期的固定资产投资价格指数，利用永续盘存法根据式(7-5) 进行迭代计算可得出四地区各行业每年的资本存量，结果如附表 5 所示。固定资本折旧率计算的部分程序见附表 6。

$$(a_{2002}-I_{2002}\cdot P_{2002})\cdot P_{2007}\cdot \varphi^6+(I_{2002}-I_{2003})\cdot P_{2002}\cdot P_{2007}\cdot \varphi^5+$$

$$(I_{2003}-I_{2004})\cdot P_{2002}\cdot P_{2007}\cdot \varphi^4+(I_{2004}-I_{2005})\cdot P_{2002}\cdot P_{2007}\cdot \varphi^3+$$

$$(I_{2005}-I_{2006})\cdot P_{2002}\cdot P_{2007}\cdot \varphi^2+(I_{2006}-I_{2007})\cdot P_{2002}\cdot P_{2007}\cdot \varphi+$$

$$(I_{2007}\cdot P_{2007}-a_{2007})\cdot P_{2002}=0 \tag{7-3}$$

$$K_{2002}=\frac{a_{2002}}{P_{2002}(1-\varphi)} \tag{7-4}$$

$$K_t=I_t+\varphi K_{t-1} \tag{7-5}$$

7.1.5　民生福利测度

本章关于民生福利的测度主要从微观和宏观两方面展开。微观方面，以居民福利为主，测度农村危房改造政策对居民个体福利的影响。宏观方面，主要从整个社会层面考虑，即考察农村危房改造政策对社会公平方面的影响和作用。

1. 居民福利测度

理论上，居民效用包括当期消费的商品 QH 和未来商品的消费。未来商品的消费即为储蓄 HSAV。如果居民的福利采用柯布-道格拉斯效用函数表示，则其表达式如式(7-6)所示。

$$\mathrm{UHH}_h = a \cdot \prod_{i=1}^{n} \mathrm{QH}_i^{\alpha_i} \cdot \mathrm{HSAV}_h^{1-\sum_{i=1}^{n}\alpha_i} \qquad (7-6)$$

式中，UHH_h 为居民 h 的效用函数，α_i 为居民 h 在各商品上的当期消费份额，a 为参数。

根据福利经济学检验居民福利的思想，本章选用居民福利测度的等价性变化量 EV，来测度农村危房改造政策带给居民的福利变化。结合式(7-6)，可得 EV 的表达式如式(7-7)所示，它描述了以货币单位衡量的农村危房改造政策冲击下居民福利的变化情况。

$$\mathrm{EV}_{h,k,t} = [U_{h,k,t}(\mathrm{QH}_1,\mathrm{HSAV}_1) - U_{h,k,t}(\mathrm{QH}_0,\mathrm{HSAV}_0)] \cdot$$
$$\prod_{i}^{n} \left(\frac{P_{k,i,t}^{A0}}{\alpha_i}\right)^{\alpha_i} \cdot \left(\mathrm{CPI}_t^0 \Big/ \left(1-\sum_{i=1}^{n}\alpha_i\right)\right)^{1-\sum_{i=1}^{n}\alpha_i} \qquad (7-7)$$

其中，EV 为等价性变化量，$U(\cdot)$ 为效用函数。

2. 社会公平测度

社会公平是社会总体福利的一种体现。何帮强等人研究了基尼系数的社会福利含义，指出基尼系数反映一定收入因不平等分配造成社会福利损失的比例。本章采用基尼系数从社会收入分配公平性的角度测度民生总体福利。关于基尼系数，本章采用两种计算方法：一种是分组法，另一种是混合基尼系数法，分别如式（7-8）和式（7-9）所示。

$$G = \sum_{i=1}^{n} P_i I_i + 2 \sum_{i=1}^{n-1} [P_i(1-S_i)] - 1 \qquad (7-8)$$

式中，P_i 为某一组人口数占全部人口数的比重；I_i 为第 i 组的收入额；S_i 为第 $1 \sim i$ 组累计收入比重。

采用 Sundrum（1990）提出的两个群体混合基尼系数的计算方法。

$$G = P_1^2 \frac{u_1}{u} G_1 + P_2^2 \frac{u_2}{u} G_2 + P_1 P_2 \left| \frac{u_2 - u_1}{u} \right| \qquad (7-9)$$

式中，u、u_1 和 u_2 分别为全体人口的平均收入、第一个群体的平均收入和第二个群体的平均收入；G、G_1 和 G_2 分别为总体基尼系数、第一个群体的基尼系数和第二个群体的基尼系数；P_1 和 P_2 分别为第一个群体和第二个群体的人口比重。

7.2　模型与数据

为了对农村危房改造的促增长和惠民生效应进行全面分析，本章建立一个反映农村危房改造政策的 CGE 模型。CGE 模型以一般均衡理论为基础，以实际经济数据为期初均衡解，反映各个市场主体的最优化决策行为，以及各方面相互均衡、统一的数值模拟结果。

本章的 FR-DCGE 模型以 2016 年为基准年，采用前文编制的 2016 年中国按经济带划分的四地区社会核算矩阵作为基础数据，模拟 2016—2020 年间各个时期的均衡值。

7.2.1　FR-DCGE 模型构建

根据与危房改造行业的相关性，模型中设置了 10 类生产活动与商品，以便分析危房改造政策冲击对各个产业的总体影响，反映危房改造的经济增长效应；将住户划分为城镇户和农村住户，可以考察危房改造对城镇居民和农村居民收入、福利等的影响情况。将投资部门划分为金融和固定资产两个部门。金融产品为危房改造贷款。FR - DCGE 模型的部分符号及含义见表 7 - 3。

表 7 - 3　FR - DCGE 模型的部分符号及含义

符　号	含　　义	符　号	含　　义
下标 "k""kk"	第 $k(kk)$ 个地区，$k(kk)=$ "东北、东部、西部、中部"	is、il、ild	依次为存款利率、贷款利率、危房农户贷款利率
下标 "i""ii"	第 $i(ii)$ 个商品或活动，$i(ii)=$ "采矿业；工业——电力、热力、燃气等；房地产业、租赁和商务服务业；其他服务业——其他；建筑业；危房改造行业；交通运输、仓储、邮政业；金融业；农业；制造业"	λ_E、λ_H	分别为企业、住户贷款系数
下标 "h"	$h=$ "城镇住户；农村住户"	λ_i	投资份额参数
α	规模参数	tval、tvak	分别为劳动增值税税率和资本增值税税率
δ	份额参数	shift	分配系数
ρ	替代弹性参数	trnsfr	转移支付

1. 生产和贸易模块

生产过程的顶层，各地区的地区总产出由中间投入 $\mathrm{QINTA}_{k,i}$ 与增加值 $\mathrm{QVA}_{k,i}$ 两部分构成。本章采用这二者的常替代弹性函数合成总产出 $\mathrm{QA}_{k,i}$，如式（7 - 10）所示。

$$\mathrm{QA}_{k,i}=\alpha_{k,i}^A \cdot [\delta_{k,i}^A \cdot \mathrm{QVA}_{k,i}^{\rho_{k,i}^A}+(1-\delta_{k,i}^A) \cdot \mathrm{QINTA}_{k,i}^{\rho_{k,i}^A}]^{\frac{1}{\rho_{k,i}^A}} \qquad （7-10）$$

式中，$\alpha_{k,i}^A$ 为顶层生产函数的规模参数；$\delta_{k,i}^A$ 为份额参数；$\rho_{k,i}^A$ 为替代弹性参数。在式(7-10) 的约束下的成本及成本最小化一阶条件如式(7-11) 和式(7-12) 所示。

$$(1-ta_{k,i}) \cdot PA_{k,i} \cdot QA_{k,i} = PVA_{k,i} \cdot QVA_{k,i} + PINTA_{k,i} \cdot QINTA_{k,i} \qquad (7-11)$$

$$\frac{PVA_{k,i}}{PINTA_{k,i}} = \frac{\delta_{k,i}^A}{1-\delta_{k,i}^A} \cdot \left(\frac{QINTA_{k,i}}{QVA_{k,i}}\right)^{1-\rho_{k,i}^A} \qquad (7-12)$$

式中，$PA_{k,i}$、$PVA_{k,i}$、$PINTA_{k,i}$ 分别表示生产活动（商品）的价格、增加值价格和中间投入总价格，$ta_{k,i}$ 为其他生产税税率。

以农村危房改造行业为例，农村危房改造政府补贴政策中，政府对农户的补贴使得农村危房改造行业的增加值需求增加。生产过程中增加值的价格相对下降，中间投入的价格相对上升，如式(7-12) 所示，价格变动产生的替代效应使得危房改造行业增加值增加，中间投入减小，并且危房改造行业增加值和中间投入二者之间的替代程度取决于替代弹性 $\varepsilon = 1/(1-\rho_{k,i}^A)$。

在生产过程的底层，各地区增加值 $QVA_{k,i}$ 由劳动需求 $QLD_{k,i}$ 和资本需求 $QKD_{k,i}$ 嵌套的常替代弹性函数构成，如式(7-13) 所示。成本及成本最小化一阶条件如式(7-14) 和式(7-15) 所示。

$$QVA_{k,i} = \alpha_{k,i}^{VA} \cdot [\delta_{k,i}^{VAL} \cdot QLD_{k,i}^{\rho_{k,i}^{VA}} + (1-\delta_{k,i}^{VAL}) \cdot QKD_{k,i}^{\rho_{k,i}^{VA}}]^{\frac{1}{\rho_{k,i}^{VA}}} \qquad (7-13)$$

$$\frac{WL \cdot (1+tval)}{WK \cdot (1+tvak)} = \frac{\delta_{k,i}^{VAL}}{1-\delta_{k,i}^{VAL}} \cdot \left(\frac{QKD_{k,i}}{QLD_{k,i}}\right)^{1-\rho_{k,i}^{VA}} \qquad (7-14)$$

$$PVA_{k,i} \cdot QVA_{k,i} = (1+tval) \cdot WL \cdot QLD_{k,i} + (1+tvak) \cdot WK \cdot QKD_{k,i} \qquad (7-15)$$

式中，WL、WK 分别为生产活动中劳动和资本投入的价格。

各地区中间投入部分采用 Leontief 生产函数的形式如式(7-16) 和式(7-17) 所示。

$$QINT_{k,i,kk,ii} = ica_{k,i,kk,ii} \cdot QINTA_{k,i} \qquad (7-16)$$

$$PINTA_{k,i} = \sum_{kk} \sum_{ii} ica_{k,i,kk,ii} \cdot PA_{kk,i} \qquad (7-17)$$

式中，$QINT_{k,i,kk,ii}$ 为生产活动对商品的中间投入，$ica_{k,i,kk,ii}$ 为中间投入的投入产出直接消耗系数。

地区产出的商品合成方面，鉴于本章农村危房改造行业一般不涉及进出口问题，故与以往文献不同，本章将各产业的进口和出口做取净值考虑。地区总产出由国内使用和净出口两部分合成。当某一产业的出口大于进口时，二者替代关系满足 CET 函数；反之，满足 Armington 函数关系，如式(7-18)～式(7-20) 所示。

$$QA_{k,i} = \alpha_{k,i}^t \cdot [\delta_{k,i}^t \cdot QD_{k,i}^{\rho_{k,i}^t} + (1-\delta_{k,i}^t) \cdot QNE_{k,i}^{\rho_{k,i}^t}]^{\frac{1}{\rho_{k,i}^t}} \qquad (7-18)$$

$$\frac{PD_{k,i}}{PNE_{k,i}} = \frac{\delta_{k,i}^t}{1-\delta_{k,i}^t} \cdot \left(\frac{QNE_{k,i}}{QD_{k,i}}\right)^{1-\rho_{k,i}^t} \qquad (7-19)$$

$$PA_{k,i} \cdot QA_{k,i} = PD_{k,i} \cdot QD_{k,i} + PNE_{k,i} \cdot QNE_{k,i} \qquad (7-20)$$

式中，$PD_{k,i}$ 和 $PNE_{k,i}$ 分别表示国内使用商品的价格和净出口商品的价格，$QD_{k,i}$ 和 $QNE_{k,i}$ 分别表示国内商品需求和净出口需求。

2. 居民模块

农村危房改造行业的变动最直接影响的是农村居民的生活水平。故此处将住户分为农村住户和城镇住户。考察危房改造相关政策下农村住户各变量变动通过 CGE 模型方程之间的关联传递对城镇住户各变量的影响，如式(7-21) ～式(7-24) 所示。

与前文社会核算矩阵保持一致，即从居民账户的收入方向记录居民收入。居民收入主要来自劳动者报酬、资本收益、银行存款利息、贷款、政府等部门的转移支付等。居民对商品的需求满足扩展线性支出系统（Extended Linear Expenditure System，ELES）模型，即居民在满足基本生存的前提下，将剩余的收入在消费与储蓄之间分配。这正与中国居民尤其是农村居民的高预防性储蓄比例相符合，故模型具有一定的现实意义。

$$\begin{aligned} YH_h = \; & WL \cdot shiftL_h \cdot QLS + WK \cdot shiftK_h \cdot QKS + HSINT_h + \\ & trnsfrENT_h + \sum_k LOAND_k + \sum_k GOVSD_k + LOANB_h + \\ & trnsfrGOV_h \end{aligned} \qquad (7-21)$$

$$PA_{k,i} \cdot QH_{k,i,h} = PA_{k,i} \cdot \gamma_{k,i,h} + \beta_{k,i,h} \cdot (EH_{k,h} - \sum_i PA_{k,i} \cdot \gamma_{k,i,h})$$

$$(7-22)$$

$$EH_h = mpc_h \cdot (1-ti_h) \cdot YH_h \qquad (7-23)$$

$$HSAV_h = (1-ti_h) \cdot YH_h - EH_h - HINV_h - HDLINT - HBLINT_h \qquad (7-24)$$

式中，YH、EH、QKS、QLS、HSAV、LOANB 与 HSINT 分别为居民总收入、总支出、资本供给、劳动供给、储蓄、银行贷款（除危房改造）与利息收入；GOVSD、LOAND 为农村危房改造政府补贴和贷款；mpc 为边际消费倾向；γ 为对商品的基本需求量；β 为基本需求得到满足之后对某种商品的支出比例，即对某种商品的边际预算份额，它反映的是居民消费增量占收入增量的比例；ti 为基于社会核算矩阵的个人所得税税率，即该参数的标定是以社会核算矩阵为基础的，与实际个人所得税税率有所区别。

3. 企业模块

同样，与居民模块相同，企业模块的收入支出情况也与前文社会核算矩阵保持一致。企业的收入来源主要为资本收入、银行贷款及银行存款利息，如式(7-25) 和式(7-26) 所示。

$$YENT = shiftENT \cdot WK \cdot QKS + LOANE + ESINT \qquad (7-25)$$

$$ENTSAV = (1-tient) \cdot YENT - \sum_h trnsfrENT_h - EINV - ELINT$$

$$(7-26)$$

式中，YENT、EINV 和 ENTSAV 分别表示企业收入、固定资产投资和储蓄；LOANE、ELINT 和 ESINT 分别为企业贷款、贷款利息和存款利息；tient 为基于社会核算矩阵的企业所得税税率，与实际中的企业所得税税率有所区别。

4. 政府模块

政府收入由所得税等各类税收、资本收益与存款利息构成，支出由政府购买和转移支付构成。政府行为如式(7-27)~式(7-29) 所示。

$$YG = \sum_k \sum_i \text{tine}_i \cdot \text{PNE}_{k,i} \cdot \text{QNE}_{k,i} + \sum_k \sum_i \text{ta}_{k,i} \cdot \text{PA}_{k,i} \cdot \text{QA}_{k,i} +$$

$$\sum_h \text{ti} \cdot \text{YH}_h + \text{tient} \cdot \text{YENT} + \text{GSINT} \tag{7-27}$$

$$EG = \sum_k \sum_i \text{PA}_{k,i} \cdot \text{QG}_{k,i} + \sum_h \text{trnsfrGOV}_h \tag{7-28}$$

$$GSAV = YG - EG - GINV \tag{7-29}$$

式中，YG、EG、QG、GINV 和 GSAV 分别表示政府收入、政府支出、政府对商品的需求、政府固定资产投资和政府储蓄；GSINT 表示政府存款利息收入。

5. 金融模块

本模块旨在考察农村危房改造农户自筹经费部分，本章将财政补贴外的其余费用均按照农户贷款形式处理。按照贷款与收入的相关性建立模型，各机构部门的金融行为如式(7-30)～式(7-43)所示。

$$LOANE = \lambda_E \cdot YENT \tag{7-30}$$

$$LOAND_k = \text{dangerDO}_k - GOVSD_k \tag{7-31}$$

$$LOANB_h = \lambda_H \cdot YH_h \tag{7-32}$$

$$HSINT_h = HSAV_h \cdot \text{is} \tag{7-33}$$

$$HDLINT = \sum_k LOAND_k \cdot \text{ild} \tag{7-34}$$

$$HBLINT_h = LOANB_h \cdot \text{il} \tag{7-35}$$

$$GSINT_h = GSAV \cdot \text{is} \tag{7-36}$$

$$FSINT_h = FSAV \cdot EXR \cdot \text{is} \tag{7-37}$$

$$FLINT_h = LOANF \cdot EXR \cdot \text{il} \tag{7-38}$$

$$ESINT = ENTSAV \cdot \text{is} \tag{7-39}$$

$$ELINT = LOANE \cdot \text{il} \tag{7-40}$$

$$GLINT = LOAND \cdot \text{il} \tag{7-41}$$

$$YB = \sum_h HSAV_h + ENTSAV + GSAV + HDLINT + \sum_h HBLINT_h +$$

$$ELINT + LOANE \cdot \text{il} + FSAV \cdot EXR + FLINT + GLINT \tag{7-42}$$

$$\text{EB} = \text{LOANE} + \sum_k \text{LOAND}_k + \sum_h \text{LOANB}_h + \sum_h \text{HSINT}_h +$$

$$\text{GSINT} + \text{ESINT} + \text{FSINT} \tag{7-43}$$

式中，LOANE、LOAND、LOANB 分别表示企业贷款、危房改造贷款、住户的其他贷款。HSINT、HDLINT、HBLINT、GSINT、FSINT、FLINT、ESINT、ELINT、GLINT、FSAV、EXR 分别表示住户的存款利息、危房贷款利息、住户的其他贷款利息、政府存款利息、国外的存款利息、国外的贷款利息、企业存款利息、企业贷款利息、政府为危房改造支付的贷款利息、国外储蓄、汇率。dangerDO 为危房改造行业的总产出；λ_E、λ_H 分别为企业贷款占企业收入的比例、住户的其他贷款占住户收入的比例；is、ild、il 分别为存款利率、危房改造贷款利率、其他贷款利率；YB 和 EB 分别为银行收入和支出。

6. 投资模块

本模块的设置一方面反映企业、政府等投资与居民储蓄行为直接的衔接性，另一方面，用于实现本章模型的动态化。投资储蓄行为如式（7-44）～式（7-48）所示。

$$\text{INV}_{k,i} = \lambda_i \cdot pk \cdot \sum_j \text{II}_{k,j} / \text{PA}_{k,i} \tag{7-44}$$

$$pk \cdot \text{II}_{k,j} = \text{WK}^\eta \cdot \text{QKD}_{k,j} / \sum_j \text{WK}^\eta \cdot \text{QKD}_{k,j} \cdot$$

$$\left(\sum_h \text{HSAV} + \text{ENTSAV} + \text{GSAV} + \text{FSAV} \cdot \text{EXR} \right) \tag{7-45}$$

$$\text{III} = \text{iota} \cdot \sum_k \prod_i \text{INV}_{k,i}^{\lambda_i} \tag{7-46}$$

$$\sum_k \sum_j \text{II}_{k,j} + \text{VBIS} = \text{III} \tag{7-47}$$

$$\text{CC}_{k,h} = a \cdot \prod_i \text{QH}_{k,i,h}^{a_i} \cdot (\text{HSAV}/P_f)^{(1-\sum_i a_i)} \tag{7-48}$$

式中，INV 为部门投资需求；VBIS 为虚拟变量；CC 为居民效用函数，综合考虑消费与储蓄行为；II 为各行业部门的投资需求；III 为全社会总的投资需求；pk 为资本价格；λ_i、iota 为投资份额参数；η、a、α 均为参数。

7. 市场出清

达到一般均衡时，商品市场、要素市场、金融市场将同时出清，如式（7 - 49）～式（7 - 55）所示，其中 ror 为资本收益率，KK 为资本存量。

$$\sum_k QA_{k,i} = \sum_k QINTA_{k,i} + \sum_k \sum_h QH_{k,i,h} + \sum_k QG_{k,i} + \sum_k INV_{k,i} \quad (i \neq 1)$$

$$(7 - 49)$$

$$\sum_k \sum_i QLD_{k,i} = QLS \qquad (7 - 50)$$

$$QKS = ror \cdot \sum_k \sum_i KK_{k,i} \qquad (7 - 51)$$

$$QKD_{k,i} = ror \cdot KK_{k,i} \qquad (7 - 52)$$

$$\sum_k \sum_i PNE_{k,i} \cdot QNE_{k,i} = FSAV - FSINT/EXR - LOANF + FLINT/EXR$$

$$(7 - 53)$$

$$YB = EB \qquad (7 - 54)$$

$$CPI = \frac{\sum_{k,i,h} PA_{k,i} \cdot QH_{k,i,h}}{\sum_{k,i,h} QH_{k,i,h}} \qquad (7 - 55)$$

8. 宏观均衡与价格基准

在大规模城镇化进程中，随着剩余劳动力持续由农村向城镇的转移，中国开始出现劳动力总量过剩和局部短缺并存的劳动力供求新格局。尼日利亚中国研究中心主任查尔斯·奥努奈居在第五届全球智库峰会平行圆桌会议中指出，全球化中的不平等、不均衡问题突出表现为资本与劳动的配置不合理，资本短缺与过度金融化并存[①]。中国国家信息中心经济预测部副主任王远鸿（2018）指出，目前中国经济实力虽然跃上了新台阶，但人均水平远低于发达国家，发展不平衡问题依然较为突出，城乡之间、区域之间、社会阶层之间

[①]　夏友仁，2017.“一带一路”建设是全球可持续发展的新机遇：第五届全球智库峰会平行圆桌会议综述一 [J]. 全球化（9）：113-116.

的差距较大，具有发展中国家的典型特征，故仍是世界上最大的发展中国家[①]。

本章结合中国作为发展中国家的经济现实，采用路易斯闭合理论。根据路易斯闭合理论，发展中国家表现为资本短缺，而劳动力市场存在过剩的劳动力。因而，劳动力价格外生给定，劳动供应量则为内生变量；资本市场充分就业，资本供应量等于资本禀赋，资本价格弹性为内生变量。宏观均衡设置如式(7-56)与式(7-57)所示。关于价格基准，选择反映居民实际消费水平的居民消费者价格指数（CPI）作为价格基准，如式(7-58)所示。

$$WL. fx = 1 \tag{7-56}$$

$$KK. fx(k,i) = KK00(k,i) \tag{7-57}$$

$$CPI. fx = 1 \tag{7-58}$$

式中，.fx 表示变量的固定值；WL.fx、KK.fx、CPI.fx、KK00 分别表示工资、资本、消费者价格指数为外生变量、基准年份资本存量。

9. 动态模块

动态模块的作用通过把报告期的均衡状态与下一期的均衡状态连接起来，从而使得静态模型转化为动态模型。Devarajan（2012）研究表明，一般可通过两种方法得到动态化模型。一是将投资与资本积累建立联系，引入时间因素，实现模型动态化，以此为基础的模型称为可递归动态 CGE 模型；二是考虑消费者行为的跨期性，即消费者的消费行为综合当期和未来若干期的消费量进行考量，以此为基础考虑各经济主体的跨期决策效应的模型称为跨期动态 CGE 模型。可递归动态 CGE 模型容易进行校准与计算，对数据要求并不高，受到多数学者的青睐，但不足之处在于其不能很好地反映经济主体对时间偏好的真实性。跨期动态 CGE 模型计算相对复杂，经济运行的稳定状态对于其至关重要。

---

① 王远鸿. 中国仍是世界上最大的发展中国家. 人民日报，2018-04-13.

　　中国共产党第十八次全国代表大会以来，中国经济稳中有进、稳中向好的态势不断巩固，但同时也存在不平衡、发展不充分的问题，如有效需求不足和结构性产能过剩等。习近平总书记 2016 年在中央财经领导小组第十二次会议上的讲话中强调，要落实好以人民为中心的发展思想，去产能，去库存、去杠杆、降成本、补短板，从生产领域加强优质供给，减少无效供给。综观国内经济政策的制定，多从宏观出发，较少考虑经济运行的微观基础，如从消费者决策的角度进行分析。消费者的跨期选择不仅关系着消费者效用最大化的实现，而且是整个宏观经济运行的微观基础，在一定程度上影响着经济的总体运行态势。因此，考虑消费者的跨期选择符合以人民为中心的思想，也能反映当前经济现实。Ramsey 于 1928 年提出的研究储蓄与经济增长关系的 Ramsey 标准模型，是当代经济增长理论中考查家庭跨期消费选择的动态性的一个标准经济模型。该模型是在 Solow 增长模型的基础上将储蓄内生化而得，主要原理是通过建立消费的效用函数考察消费行为实现对居民储蓄-投资行为的考察。继 Ramsey 之后，Cass 和 Koopmass 等人分别对 Ramsey 标准模型进行了一些改进，这一类模型与 Ramsey 标准模型统称为 Ramsey 模型。[①] 本章的消费效用函数采用 Ramsey 模型。

　　以 Smith、Ricardo、Moulle 等为代表的古典经济增长理论认为，劳动力和资本是经济增长的源泉。以 Solow、Dennison 等人为代表的新古典经济增长理论认为，经济增长动力源于劳动、资本等生产要素投入增加和技术进步。其中，技术进步可通过全要素生产率来反映。20 世纪 80 年代以来，中国经济取得了举世瞩目的高速增长。关于中国经济增长的动力问题，一直是专家学者研究的热点。牛犁（2015）研究表明，1978—2013 年中国年均 9.8% 的经济增长中，资本、劳动力和全要素生产率的贡献率分别为 57.1%、9.2% 和 33.7%。

---

① 舒元，谢识予，孔爱国，等，1998. 现代经济增长模型[M]. 上海：复旦大学出版社.

综上所述，为了更贴近地反映中国现实，本章采用可递归动态与跨期动态相结合的方法得到本章的动态 CGE 模型，即 FR-DCGE 模型。

（1）可递归动态模块

可递归动态性主要表现为资本积累、劳动力增长和技术进步，即全要素生产率增长。其中，每期的资本供给与前一期的资本形成有关，故这里资本存量设置为动态内生的。劳动力增长较为稳定，这里采用给定外生增长率的可递归模式；全要素生产率采用同劳动力增长率同样的形式递归。可递归动态方程如式（7-59）～式（7-61）所示。

$$\text{KKT}_{t+1} = (1-\text{dep}) \cdot \text{KKT}_t + \sum_k \sum_j \text{II}_{t,k,j} \qquad (7-59)$$

式中，$\text{KKT} = \sum_k \sum_i \text{KK}_{k,i}$；$t$ 为时间；KKT_t 为 t 时期的全社会的资本存量。

$$\text{QLS}_{t+1} = \text{QLS}_t \cdot (1+g) \qquad (7-60)$$

式中，g 为劳动力增长率。

$$\alpha^{VA}_{k,i,t+1} = \alpha^{VA}_{k,i,t} \cdot (1+\text{tfp}) \qquad (7-61)$$

式中，tfp 为全要素生产率的增长率、dep 表示资本折旧率。

（2）跨期动态模块

本章的跨期动态性主要表现为消费行为的跨期调整。这里消费者效用函数采用 CES 生产函数描述，其一阶条件的非线性方程如式（7-62）所示。

$$\text{EH}_{t+1} = [(1+r)/(1+\rho)]^{1/\theta} \cdot \text{EH}_t \qquad (7-62)$$

式中，r 为利率；ρ 为时间偏好参数；θ 为弹性替代常数的倒数。

7.2.2　数据和参数校准

社会核算矩阵是以矩阵形式反映的国民经济核算体系，主要数据基础是投入产出表和其他国民经济核算数据。为考察危房改造政策的空间效应，本章将危房改造行业置于开放经济系统中研究，构建四地区社会核算矩阵。四大地区包括东北地区、东部地区、中部地区、西部地区，是按《中国区域经济统计年鉴》的四大经济带划分的。东部地区 10 个省份，中部地区 6

个省份，西部地区 12 个省份，东北地区 3 个省份。四地区社会核算矩阵为
一个包含四地区多账户的均衡数据集，为 FR-DCGE 模型提供基础数据集。
四地区社会核算矩阵表包括生产、商品、要素、居民、企业、政府、国外
等账户，每个账户中的收入与支出均遵循核算中的复式记账原则。行代表
每个账户的收入，列代表每个账户的支出，账户的行收入等于账户的列
支出。

以四地区社会核算矩阵表为基础，本章的账户分为地区层面和全国层面
的账户。地区层面的账户包括活动账户（细分为 10 个产业部门）、商品账户
（细分为 10 类商品）、政府补贴账户（特指农村危房改造的财政拨款）、金融
资产账户（仅列示危房改造贷款）；全国层面的账户包括机构部门账户（细分
为政府、企业、金融机构）、住户（细分为农村住户和城镇住户）、净出口、
国内其他区域和投资账户。

中国 2016 年四地区社会核算矩阵表中的基础数据以 2010 年中国区域
间投入产出表、2012 年 31 个省（自治区，直辖市）的区域间投入产出表和
2016 年《中国统计年鉴》为基础，采用编制延长表的方法实现。本章以平
衡的四地区社会核算矩阵表数据集为基础，估计了 FR-DCGE 模型的重要参
数，其中包括四个地区各生产部门的相关份额参数、规模参数、投入产出
的直接消耗系数，住户的边际消费倾向，农村居民和城镇居民的个人所得
税、企业所得税等税收的税率。此外，CES 生产函数中的几类参数：CET
弹性值外生给定，参考 Zhai et al.（2005）提供的数据。要素替代弹性均采
用广义最大熵（GME）方法通过 SAS 软件实现，所涉及数据的时间区间为
2008—2017 年。增加值与中间投入品的替代弹性，采用 GME 方法实现。
数据基础为 1987—2015 年的全国投入产出表和投入产出表延长表，行业归
并为农业、工业、建筑业和第三产业。城乡居民 LES 函数的参数：Frisch
参数外生给定，参考 Frisch（1959）建议，中等收入国家的 Frish 参数取值
－2；行业消费支出弹性由 2012 年和 2015 年中国投入产出表数据计算而
得。以部分参数估计为例介绍本章所涉及的参数校准问题。

1. 基于社会核算矩阵的个人所得税税率与企业所得税税率标定

个人所得税税率（ti）与企业所得税税率（tient）计算如式（7－63）与式（7－64）所示。

$$ti = \frac{个人所得税}{YH} \qquad\qquad (7-63)$$

$$tient = \frac{企业所得税}{YENT} \qquad\qquad (7-64)$$

2. CES 生产函数要素替代弹性估计

方便起见，将式（7－10）的 CES 生产函数简记为

$$q = \alpha \left[\delta k^{-\rho} + (1-\delta) l^{-\rho} \right]^{-1/\rho} \qquad\qquad (7-65)$$

式中，q 为增加值；k 为资本；l 为劳动；α 为技术进步参数；δ 为份额参数；ρ 为替代参数；替代弹性 $\sigma = 1/(1+\rho)$。

参考 Kmenta（1967）提出的 Talyor 级数线性化方法，将 CES 生产函数线性化。在 $\rho = 0$ 处进行 Talyor 级数展开，得到 CES 生产函数的二阶线性近似表达式，如式（7－66）所示。

$$\ln q = \beta_0 + \beta_1 \cdot \ln k + \beta_2 \cdot \ln l + \beta_3 \cdot \left(\ln \frac{k}{l} \right)^2 \qquad\qquad (7-66)$$

式中，$\beta_0 = \ln\alpha$；$\beta_1 = \delta$；$\beta_2 = 1-\delta$；$\beta_3 = -0.5\rho\delta(1-\delta)$。

在估计式（7－66）中的参数时，考虑到资本、劳动变量之间可能存在共同的变化趋势，因而需消除多重共线性，广义最大交叉熵方法对小样本、多重共线性问题具有良好的性质，也不需对误差分布进行假定。因此，要素替代弹性采用 GME 方法估计。经检验整理得到行业要素替代弹性估计如表 7－4 所示，具体程序代码如附表 7 所示。

表 7 - 4　四地区部分行业要素替代弹性估计值

地区	行业	ρ	σ	地区	行业	ρ	σ
东北	房地产业	1.02	0.49	西部	房地产业	0.15	0.87
	服务业——其他	0.15	0.87		服务业——其他	0.16	0.86
	工业	−0.25	1.34		工业	−0.08	1.08
	交通运输、仓储和邮政业	0.08	0.93		建筑业	0.01	0.99
	农林牧渔业	0.00	1.00		交通运输、仓储和邮政业	0.08	0.93
东部	房地产业	0.66	0.60		农林牧渔业	0.01	0.99
	服务业——其他	1.62	0.38	中部	房地产业	0.11	0.90
	工业	−0.36	1.57		服务业——其他	0.06	0.94
	交通运输、仓储和邮政业	0.03	0.97		工业	−0.25	1.34
	农林牧渔业	0.04	0.96		交通运输、仓储和邮政业	0.25	0.80
					农林牧渔业	0.08	0.93

7.3　实证结果与分析

1978 年以来，中国政府先后出台了"东部沿海地区优先发展""西部大开发""振新东北老工业基地""中部崛起"等战略促进区域经济协调发展，但由于历史及现实原因，目前区域发展不平衡问题仍然存在。就农村危房改造而言，由前文现状分析，中部地区和西部地区的危房改造规模较大，投入改造的资金也较东部地区和东北地区多。因此，本章着重研究中部地区和西部地区包括财政补贴和农户自筹（主要表现为银行贷款）的危房改造政策对本地区及其他地区的经济增长和民生的影响。

7.3.1　基准路径

基于 2016 年四地区社会核算矩阵构建 FR-DCGE 模型，并通过本章的动态机制将模型动态至 2021 年。在基准模型的设定中，根据《经济蓝皮书夏季号：中国经济增长报告（2014—2015）》数据显示，2008—2015 年中国劳动力投入增长率为 0.36%。此外，参考杨志云等（2018）数据，全要素生产率增长率取 1.2%。按照本章前述各地区各行业增加值模型的构建原理，行业增加值增长路径按劳动投入增长率增长。结合设定的增长率对 FR-DCGE 模型中各指标变量进行基准路径模拟。

以地区行业增加值为例，本章构建的四地区危房改造行业的基准路径如图 7-3 所示。除危房改造行业之外的其他 9 个行业增加值基准路径变化趋势基本一致，以东部地区为例，其行业增加值基准路径如图 7-4 所示。经与实际数据对比，本模型模拟数据与实际数据吻合，说明模型构建合理。对比图 7-3 中

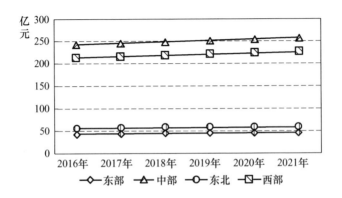

图 7-3　四地区危房改造行业的基准路径

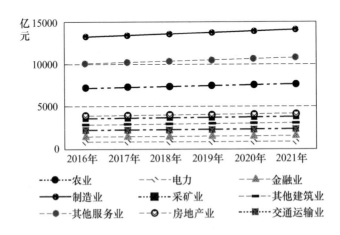

图 7-4　东部地区各行业增加值基准路径

的东北地区危房改造行业增加值和图 7-4 所示各行业增加值，显然危房改造
行业在整个国民经济中占比很小。但由图 7-3 可知，危房改造行业增加值逐
年增加，说明对经济增长有一定的贡献作用，特别是中部地区和西部地区，
其危房改造行业的增加值远大于东部地区和东北地区。

7.3.2　提高危房贷款对经济发展的影响

"经济刺激"是农村危房改造最初的政策设计原则，即农村危房改造是
通过一系列政策手段刺激贫困农户进行危房改造，以扩大消费需求。本章
从农村危房改造财政补贴和农户贷款政策两个方面讨论其"经济刺激"效
应。按照本章构建的模型，中央、地方财政补贴在一定幅度（如 5%）内的
增加变化，对四地区经济刺激作用微乎其微；而农户自筹经费（即银行贷
款）的变化会对四地区部分行业的增加值及中间投入产生影响。这是因为
这一政策的设计出发点是农户自筹为主。一般来说，贫困农户很难通过提
高收入来改善住房条件，自筹资金通常也比较困难，如果没有相应的贷款
支持，贫困农户更无力实施危房改造，而仅有的"保命钱"更是不舍得用，
这就使得贫困农户仅利用有限的财政补贴来改善住房条件，而财政补贴危
房的资金相对于某一行业的增加值更是微乎其微，故而增加值变化微乎其
微。若有相应的贷款支持，如 2016 年福建省的财政贴息贷款政策，那么这
种"经济刺激"作用较在一定范围内提高财政补贴作用要大一些。这可能
因为贫困农户获得贷款之后，有了改善住房条件的动力，最直接拉动的是
房屋原材料需求，进而可以带动相关行业增加值的增加。但这种贷款无疑
也会增加贫困农户的负担。

本部分重点考察提高西部地区贷款对经济的短期影响，主要从行业中间
投入和行业增加值两方面分析西部地区贷款提高 10%，对西部地区及东北地
区、东部地区和中部地区中间投入的影响，如图 7-5 和图 7-6 所示。西部地
区贷款的增加，对与危房改造行业最为密切的电力、交通运输和制造业等行
业产生影响。西部地区中间投入变化最大的为制造业，较原值增加了 50 亿

元，且远大于对其他三个地区的影响。其他地区影响方面，东北地区、中部地区的制造业影响较大。这是因为根据 2010 年中国 30 省（自治区、直辖市）30 部门区域间投入产出表显示，西部地区的房屋建筑的原材料主要来源于制造业，且大部分来源地为东北地区和中部地区。

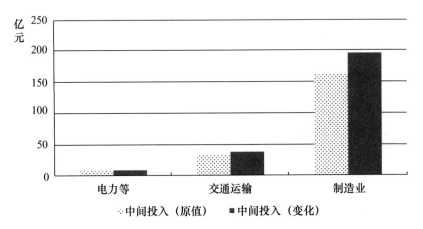

图 7-5　西部地区贷款提高 10％对本地区原材料使用情况（第 1 期）

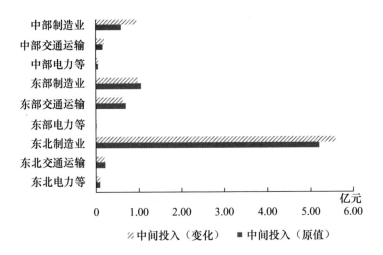

图 7-6　西部地区危房改造贷款提高 10％
对各地区原材料使用的影响（第 1 期）

此外，危房改造贷款政策对本地区增加值的影响方面：根据模型测算，西部地区危房改造贷款减少 5％，西部地区的制造业增加值变化最大，减少约

3 亿元；中部地区危房改造贷款减少 5%，中部地区采矿业的增加值变化最大，减少约 7 亿元。

从上述农户自筹为主的政策出发点看，农村危房改造贷款额度的变化，对危房改造行业及经济增长有一定的贡献，但因农村危房改造仅限于农村的贫困农户，而贷款额度过大会造成贫困农户过重的经济负担，故从整个经济的角度看，其对经济的刺激作用并不是很大。

7.3.3　提高政府补贴对居民福利的影响

从农村危房改造的地区分布看，中部地区和西部地区改造户数居多。本部分旨在考察中部地区和西部地区政府补贴提高不同幅度，通过 FR-DCGE 模型传导机制对本地区及其他地区农村居民福利的影响。表 7-5 为西部地区危房政府补贴提高 20%、50%、60%、80% 对四地区农村居民福利的动态影响。由表 7-5 可知，西部政府补贴提高 20%、50% 时，东北地区和东部地区农村居民的福利呈逐年递增趋势，东部地区在 2021 年时福利增加 0.137；西部和中部地区在短期内（第 0、1、2 期）福利逐年增加，第 3 期开始福利减少，且减少幅度逐年增加。西部政府补贴提高 60%，四地区农村居民福利均呈现逐年递增趋势。西部政府补贴提高 80%，东北地区、东部地区和西部地区农村居民福利从第 3 期开始均高于政府补贴提高 60% 的值，中部地区从第 3 期开始出现下降。且从农村居民福利数值上看，西部地区危房政府补贴的提高，对中部地区农村居民福利影响最大，其次为西部地区，东北地区最小。

表 7-5　西部地区政府补贴提高对四地区农村居民福利的动态影响

方　案	地区	时　期					
		0	1	2	3	4	5
政府补贴提高 20%	东北	0.051	0.054	0.055	0.123	0.128	0.133
	东部	0.067	0.090	0.098	0.126	0.131	0.137
	西部	0.116	0.122	0.125	−0.054	−0.059	−0.065
	中部	0.179	0.188	0.193	−0.083	−0.091	−0.100

续表

方　案	地区	时　期					
		0	1	2	3	4	5
政府补贴提高 50%	东北	0.051	0.054	0.055	0.123	0.128	0.133
	东部	0.067	0.090	0.098	0.126	0.131	0.137
	西部	0.116	0.122	0.125	−0.054	−0.059	−0.065
	中部	0.179	0.188	0.193	−0.083	−0.091	−0.100
政府补贴提高 60%	东北	0.051	0.054	0.055	0.056	0.057	0.058
	东部	0.067	0.090	0.098	0.121	0.128	0.137
	西部	0.116	0.122	0.125	0.125	0.128	0.133
	中部	0.179	0.188	0.193	0.194	0.198	0.204
政府补贴提高 80%	东北	0.051	0.054	0.055	0.123	0.133	0.138
	东部	0.067	0.090	0.098	0.126	0.136	0.141
	西部	0.116	0.122	0.125	0.232	0.250	0.260
	中部	0.179	0.188	0.193	−0.083	−0.081	−0.089

综上，西部地区危房政府补贴提高不同幅度对短期（第0、1、2期）的农村居民福利影响基本没有差异，从第3期开始有所不同；政府补贴提高幅度合适时可实现各地区农村居民福利逐年递增，如政府补贴提高60%时。

表7-6为中部地区危房政府补贴提高20%、50%、60%、80%对四地区农村居民福利的动态影响。与西部地区不同，中部地区危房政府补贴提高不同幅度，各地区农村居民福利有不同程度的增加。这可能是由于中部地区农村居民收入水平总体高于西部地区所致。短期（第0、1、2期）看，农村居民福利的变化与西部地区政府危房补贴变化幅度一致。中部地区政府补贴提高20%时，从第3期开始，农村居民福利出现重大波动；中部地区危房政府补贴提高60%，四地区农村居民第0~5期福利的变化与西部地区危房政府补贴提高60%时基本一致。

表 7－6　中部地区政府补贴提高对四地区农村居民福利的动态影响

方　案	地区	时　期					
		0	1	2	3	4	5
政府补贴提高 20%	东北	0.051	0.054	0.055	0.123	0.128	0.133
	东部	0.067	0.090	0.098	0.426	0.131	0.467
	西部	0.116	0.122	0.125	1.363	1.349	1.484
	中部	0.179	0.188	0.193	0.805	0.843	0.881
政府补贴提高 50%	东北	0.051	0.054	0.055	0.057	0.128	0.133
	东部	0.067	0.090	0.098	0.110	0.445	0.467
	西部	0.116	0.122	0.125	0.128	1.494	1.476
	中部	0.179	0.188	0.193	0.197	0.842	0.881
政府补贴提高 60%	东北	0.051	0.054	0.054	0.055	0.057	0.056
	东部	0.067	0.090	0.114	0.122	0.131	0.151
	西部	0.116	0.122	0.122	0.125	0.128	0.126
	中部	0.179	0.188	0.188	0.193	0.212	0.202
政府补贴提高 80%	东北	0.051	0.054	0.054	0.053	0.053	0.043
	东部	0.067	0.090	0.114	0.137	0.147	0.167
	西部	0.116	0.122	0.122	0.120	0.119	0.098
	中部	0.179	0.188	0.188	0.185	0.183	0.151

7.3.4　提高危房贷款对居民福利的影响

农户自筹为主，是农村危房改造的重要特点。农户自筹资金中，贷款是其重要组成部分。故本节分析各地区危房改造贷款变化对农村居民福利的影响，以及通过 FR-DCGE 传导机制对城镇居民福利的影响作用。表 7－7 所示为四地区危房改造贷款分别提高 10%，对四地区农村居民福利产生的影响。总体来看，危房改造贷款增加，各地区农村居民福利都会有不同程度的增加，即危房改造贷款增加对各地区农村居民福利有正的影响作用。第 0～3 期，西部地区危房贷款提高 10%，各地区农村居民福利高于其他方案的结果。

表 7 - 7　各地区危房贷款提高对各地区农村居民福利的影响

方　案	地区	时　期					
		0	1	2	3	4	5
东北地区危房 贷款提高10%	东北	0.051	0.054	0.055	0.055	0.128	0.133
	东部	0.067	0.083	0.107	0.122	0.445	0.142
	西部	0.116	0.121	0.124	0.123	3.449	3.546
	中部	0.179	0.187	0.192	0.190	0.862	0.901
东部地区危房 贷款提高10%	东北	0.053	0.054	0.056	0.123	0.128	0.134
	东部	0.085	0.092	0.113	0.435	0.138	0.144
	西部	0.119	0.123	0.126	0.851	0.894	0.939
	中部	0.184	0.190	0.196	0.822	0.862	0.906
西部地区危房 贷款提高10%	东北	0.057	0.058	0.037	0.038	0.039	0.039
	东部	0.102	0.110	0.156	0.163	0.170	0.177
	西部	0.127	0.131	0.003	0.001	−0.001	−0.004
	中部	0.198	0.202	0.005	0.002	−0.002	−0.007
中部地区危房 贷款提高10%	东北	0.052	0.054	0.055	0.056	0.057	0.058
	东部	0.081	0.091	0.112	0.118	0.131	0.138
	西部	0.118	0.122	0.124	0.128	0.133	0.137
	中部	0.183	0.190	0.191	0.197	0.201	0.206

　　西部地区危房改造贷款提高10%，引起东北地区、东部地区、西部地区和中部地区城镇居民福利的变化，如表7-8所示。由表7-8可知，东部地区城镇居民福利变化较大，其次为中部地区，东北地区最小。从变化趋势看，2016—2018年，东部地区、西部地区福利变化逐年提高。西部地区危房改造的原材料主要来源于本地区，这使得西部地区原材料需求量增加，生产者可能通过贷款等资金筹集方式扩大生产，而贷款资金可能源于城镇居民存款，平均来看东部地区居民收入高于其他地区，储蓄额也高于其他地区，从而城镇居民的收入水平提高，这样就使得西部地区和东部地区城镇居民福利增加。

表 7 - 8　城镇居民福利变化

方　　案	地区	2016 年	2017 年	2018 年
西部地区危房贷款提高 10％	东北	0.021	0.030	0.027
	东部	0.132	0.489	0.478
	西部	0.048	0.090	0.090
	中部	0.063	0.127	0.118

7.3.5　社会公平的影响

社会福利方面，把全国实施危房改造的 30 个省（自治区，直辖市）按居民可支配收入升序排序，按照式(7 - 8) 计算基尼系数。与一般反映全国居民收入分配差距的基尼系数不同，地区基尼系数着重考察地区间居民收入的差距，是按照行政区划分，采用各地区居民的平均可支配收入作为各组的特征值，通过绘制洛伦兹曲线，得到基尼系数。地区基尼系数的大小取决于各组均值差异的大小，反映地区间收入差异。因地区分组中，每个地区中都包含按全国居民收入分组的高收入群体和低收入群体，故而地区基尼系数要比全国居民收入计算的基尼系数小很多。

根据式(7 - 8) 计算，2016 年中国按行政区划的基尼系数为 0.15，显然比 2016 年按全国居民收入统一分组的基尼系数 0.46 小很多。考虑危房改造的 2016 年中国行政区划的基尼系数为 0.12，较上述基尼系数 0.15 变小，说明危房改造在促进社会公平方面有一定的积极作用。但与罗守贵等（2005）按一级行政区计算的韩国和美国的人均 GDP 基尼系数 0.092 和 0.083 相比，中国的地区收入分配还存在一定的差异性。

7.4　国际比较分析

世界银行公布的 2016 年中国人均国民总收入为 8260 美元。2018 年 1 月《人民日报》，林毅夫教授发表题为《以高质量发展迈向高收入国家》一文指出，2023 年中国可望成高收入国家。同时中国政府一直坚持以人为本的思想，习近平同志在江西看望慰问广大干部群众时强调，"在扶贫的路上，不能落下一个贫困家庭，丢下一个贫困群众"。因此，在上述对中国农村危房改造的保增长惠民生效应测算的基础上，有必要与其他发展中国家、发达国家的农村住房翻新效应进行比较，从而进一步提升政策效果，促进世界经济健康平稳发展。

与发达国家相比，中国的农村危房改造起步较晚，仍处于较低水平。由于历史发展、经济基础和政治制度等的不同，中国住房保障制度体现为城乡二元结构的格局，这一点与世界其他国家和地区有所不同。中国与世界上主要发达国家如美国和英国的农村住房改造政策对比如表 7-9 所示。英国的农村居民住房问题发生在工业革命时期，伴随着工业革命，大批农民涌进城市，开始了英国的城市化进程。因此，英国的农村居民住房问题主要表现为城市的农村移民住房问题，英国政府在此期间出台了系列相关政策，直至 20 世纪 50 至 60 年代，农村移民住房问题彻底消失。美国的农村住房改造发生在 20 世纪 40 至 60 年代，相关政策主要表现为政府资助和针对不同收入住户的贷款与小额补助金计划，截至 2007 年农村危房改造基本完成。

表 7-9　农村危房改造的国际比较

	美　国	英　国	中　国
时间	20 世纪 40 至 60 年代，农村危住房的拆除与重建，到 2007 年农村住房条件差的家庭不到 0.5%	20 世纪 50 至 60 年代，农村移民住房问题彻底消失	2008 年至今。2008 年，中央拨款 2 亿元资金支持贵州省农村危房改造试点。中共十八大以来截至 2018 年共完成农村危房改造 1700 多万户
政府相关政策	联邦政府、金融支持、政府与非营利住房机构的合作。联邦政府资助公共住房和私有租赁住房。前者主要服务于全国低收入住户，包括农村住户，且联邦政府的资助是永久性的。2005 年，国会通过对保护乡村低收入住房的试点项目拨款，向质量出现严重问题的住房包括乡村的租赁住房和自有住房提供更新改造资金	中央政府投资兴建的公共住房每年达 30 万套，占全部住房的 30%，并鼓励个人买房和建房，而地方政府则集中解决贫民区改造问题①	财政拨款、农户自筹、社会救助和少量金融支持。其中财政拨款分为中央财政拨款、各省级财政拨款及县市级财政拨款。主要以中央财政拨款和省级财政拨款为主，县市级财政拨款较少

---

① 姚玲珍，2003. 中国公共住房政策模式研究[M]. 上海：上海财经大学出版社.

续表

	美　国	英　国	中　国
贷款	贷款计划和小额补助金计划。较高收入的农户利率为 6.5%，中低收入的农户利率为 5%，贫困户及老年人利率为 3%。期限一般最长为 33 年。大部分贷款都是由私人资金支付的，政府提供第一笔资金滚动并为私人资金提供担保	英国工人组织起来的住房建造协会会员在缴纳一定的存款条件下可获得住房贷款	部分省份通过农村信用社贷款项目，解决贫困农户危房改造过程中的自筹资金问题。贷款利息由财政部门和贫困农户各承担 50%

住房保障政策历来是各国政府用于调节社会公平的手段之一。为研究农村危房改造对社会福利的影响，根据数据的可获得性，本章选择比利时等 5 个欧洲国家，通过对比中国与这 5 个国家住房保障政策的收入分配公平效应，根据式(7-8) 和式(7-9) 计算中国的基尼系数如表 7-10 所示。

表 7-10　部分国家住房保障政策对基尼系数的影响

	比利时	德国	希腊	意大利	英国	中国
基准	0.265	0.295	0.326	0.325	0.328	0.426
基准＋虚拟租金	0.262	0.289	0.310	0.317	0.309	0.425

注：欧洲 5 国的数据来源于 Frick et al. (2010)，中国数据是本章测算的 2012 年的数据，且住房保障方面只考虑农村危房改造。虚拟租金的计算为 2012 年危房改造总产出与房屋使用年限之比。

由表 7-10 可知，住房保障政策对收入分配不公平程度有一定的影响。纵向对比看，欧洲 5 国在实施住房保障政策之后，基尼系数都出现下降趋势，英国降幅最大，为 0.019，比利时最小，为 0.003，说明保障性住房政策促进了收入分配的公平性。2012 年中国包含农村危房改造虚拟租金收入计算的基尼系数比基准线低 0.001，说明农村危房改造政策在促进社会公平方面有一定的作用。

7.5 结论与政策建议

本章根据 2008 年国民经济核算体系关于住房翻新、改建的核算原理，将中国农村危房改造按 C 级危房和 D 级危房分别核算，并将其置于社会核算矩阵的框架中，编制了中国四地区社会核算矩阵，并以此为基础构建 FR-DCGE 模型分析危房改造的"自筹为主，补贴为辅"的政策对经济增长和居民、社会福利的影响，得到以下结论。

第一，危房改造对经济增长有一定的贡献，但促增长的作用比较小。中、西部地区接收到的中央财政补贴和地方财政补贴在一定幅度内的增加变化，对东部、东北、西部和中部四地区的经济刺激作用微乎其微。但贫困农户贷款的变化会对四地区部分行业的增加值及中间投入产生影响。农户贷款增加，直接带动房屋修复原材料需求的增加，进而带动诸如制造业、交通运输业等本地区及其他原材料生产地区相关行业增加值的增加，但过高的贷款会增加贫困农户的还款压力。

第二，农户自筹为主的贷款政策，对全社会、各地区农村居民及城镇居民福利产生影响。一是社会总体角度，农村危房改造对于缩小社会贫富差距、促进社会和谐起到积极作用；二是中、西部地区农村危房改造财政补贴额度的不同幅度增加，短期内可提高各地区农村居民福利；财政补贴的适度增加，可使四地区农村居民福利在一定时间范围内保持逐年增加的趋势。中、西部地区危房改造贷款的增加对各地区农村居民福利有正的影响作用，但过度的贷款会对落后地区农村居民福利起到抵减作用，进而会拉大社会的贫富差距。西部地区危房改造贷款的增加，对四地区城镇居民短期福利产生正的影响，其中对东部地区的影响最大。

第三，从中国与 5 个欧洲国家的比较看，中国的收入分配差距仍然比较大，实施农村危房改造后也低于这些国家。但从中国这一数据的纵向对比看，农村危房改造对缩小城乡贫富差距、促进社会公平起到了一定作用。

根据本章研究分析结果，对农村危房改造提出如下建议。

一是强化社会救助力度，进一步实施精准分类救助方式，促使危房改造的救助资金向真正贫困、特困的农户倾斜；二是制定合理的危房贷款制度，实施精准鉴别，分类贷款，以减轻农户后续的还款压力；三是创新社会救助的方式，如目前农村存在的"空心宅基地"问题，可考虑通过置换来解决危房改造问题。

7.6　本 章 小 结

本章通过编制地区社会核算矩阵，构建地区动态 CGE 模型，研究农村危房改造的促增长与惠民生作用。研究结果如下。第一，中、西部地区财政补贴在一定幅度内的增加变化，对四地区的经济刺激作用较小。贫困农户贷款的增加，可带动诸如制造业、交通运输业等相关行业增加值的增加，但过高的贷款会增加贫困农户的还款压力。第二，从社会总体角度看，农村危房改造对于缩小社会贫富差距、促进社会和谐起到积极作用；中、西部地区农村危房改造财政补贴的不同幅度增加，短期内可使各地区农村居民福利提高；中、西部地区危房改造贷款的增加对各地区农村居民福利有正的影响作用，但过度的贷款会对落后地区农村居民福利起到抵减作用。西部地区危房改造贷款的增加，对四地区城镇居民短期福利产生正的影响，其中对东部地区的影响最大。第三，从中国与 5 个欧洲国家的比较来看，农村危房改造对缩小城乡贫富差距、促进社会公平起到正向作用。

第8章　结论与研究展望

8.1　主要研究结论

8.1.1　构建 2012 年中国农村危房改造社会核算矩阵

首先，通过为农村危房改造行业进行界定，在 2012 年中国投入产出表基础上，结合危房改造政策文件，编制中国 2012 年危房改造的宏观社会核算矩阵和微观社会核算矩阵，并基于社会核算矩阵的乘数分析和结构化路径分析模型分析了农村危房改造的经济地位和对产业、居民收入及就业的影响。分析结果表明，农村危房改造无论是在生产领域还是在整个国民经济中都占有重要地位，在 8 个产业分类中，其社会核算矩阵乘数和投入产出乘数分别排在第 2 位和第 3 位。其次，通过"点对点"账户乘数分析法得出，农村危房改造对制造业影响最大，且主要是通过直接转移作用影响的，对于其他产业，如其他服务业、电力、热力及水的供应业、交通运输、仓储和邮政业等闭环效应较大。对要素收入的影响中，对劳动要素收入的拉动作用远大于对资本要素的拉动作用。再次，农村危房改造主要是通过制造业来带动其他产业发展的。制造业是连接农村危房改造与其他产业、生产要素及居民的枢纽，在整个农村危房改造中占据主要地位。农村危房改造贷款对农村居民的影响是通过直接路径传递的，而对城镇居民的影响则主要是通过"农村危房改造贷款—农户—农业—劳动—城镇居民""农村危房改造贷款—农户—制造业—劳动—城镇居民""农村危房改造贷款—农户—其他服务业—劳动—城镇居民"
三条路径传递的，因此为保证农村危房改造贷款对城镇居民的收入不受影响，
应该保证生产活动与收入初次分配、再分配环节紧密联系。

8.1.2　构建 2016 年中国四地区农村危房改造社会核算矩阵

通过卫星账户思想描绘农村危房改造政策作用流程图，反映从农村危房
改造的住房开发到住房最终使用过程中，涉及的各相关行为主体的利益分配
问题，以此作为农村危房改造行业核算基础。以国民账户体系为标准，借鉴
国务院发展研究中心和美国等发达国家多区域社会核算矩阵编制经验，从党
中央实施农村危房改造的目的和相关文件出发，对农村危房改造行业进行界
定；采用网络数据搜索、权威数据库和数学方法，对中国 30 个省（自治区、
直辖市）的危房改造行业的产出进行了宏观核算；在 2010 年中国区域间投入
产出表、2012 年中国区域间投入产出表及 2016 年各相关宏观经济指标数据，
采用 RAS 法编制 2016 年中国四地区含危房改造行业的投入产出表，在此投
入产出表基础上，结合 RAS 法、最小二乘法、三权重交叉熵法及本书构建的
七权重交叉熵法，编制完成 2016 年中国四地区农村危房改造核算矩阵。

8.1.3　农村危房改造的财政转移支付对四地区收入分配产生影响

通过编制的中国 2016 年多区域农村危房改造细分社会核算矩阵，对农
村危房改造的财政投入的收入分配效应进行了分析。分析结果表明：首先，
危房改造行业对当地某些产业有带动作用，并通过乘数作用、结构化路径
进而对其他地区产生影响；其次，危房改造行业对城镇居民的相对收入具
有反向作用，危房改造行业对东北地区、西部地区和中部地区的农村居民
相对收入水平产生了较小的促进作用；最后，当农村危房改造财政补助金
不变，若危房改造行业价格变动，会使农户的消费者价格指数上升，导致
农户生活成本增加。因此，农村危房财政补助金需考虑价格上涨带来的收
入分配效应。

8.1.4　农村危房改造对经济增长和民生改善具有一定作用

以中国四地区社会核算矩阵为基础构建 FR-DCGE 模型分析危房改造的"自筹为主，补贴为辅"的政策对经济增长和居民、社会福利的影响。分析表明，首先，危房改造对经济增长有一定的贡献作用，但对经济的促进作用比较小。中、西部地区接收到的中央财政补贴与地方财政补贴在一定幅度内的增加变化，对四地区的经济刺激作用微乎其微。贫困农户贷款的变化会对四地区部分行业的增加值及中间投入产生影响，但过高的贷款会增加贫困农户的还款压力。因此，强化社会救助力度，进一步实施精准分类救助方式，促使危房改造的救助资金向真正贫困、特困的农户倾斜。其次，危房改造农户的贷款政策，对全社会、各地区农村居民及城镇居民福利会产生影响。农村危房改造对于缩小社会贫富差距、促进社会和谐起到积极作用，中、西部地区危房改造贷款的增加对各地区农村居民福利有正的影响作用，但过度的贷款会对落后地区农村居民福利起到抵减作用，进而会拉大社会的贫富差距。实施精准鉴别，分类贷款，以减轻农户后续的还款压力；创新社会救助的方式。如目前农村存在的"空心宅基地"问题，可考虑通过置换来解决危房改造问题。最后，从国际比较来看，中国的收入分配差距仍然比较大，实施农村危房改造后收入差距有所缩小，但仍低于国外一些国家。

8.2　研究展望

本书通过编制全国和分区域的农村危房改造社会核算矩阵，以社会核算矩阵自身及以其为基础构建可递归动态 CGE 模型分析住房制度改革的补短板效应传导机制及力度，考查农村危房改造政策实施前后对比情况，经济增长与民生福利效应、农村与城市和地区间对比情况。对农村危房改造在模型中进行仿真并模拟各项住房制度的调整实施进而寻找优化路径，能够为中国农村住房政策、住房制度改革提供参考，同时丰富了宏观经济模型的研究内容。

　　本书还存在一些不足之处，进一步研究分为两方面：一是关于农村危房改造核算方面，进一步对农村危房改造过程涉及的各主体进行细化，进一步针对各主体利益进行相关细节核算；二是进一步优化农村危房改造多区域社会核算矩阵的编制及平衡方法。

附　　录

附表1、附表2见插页。

附表 3 2016 年四地区农村危房改造行业总产出核算

地区	省份	平均每户常住人口/(人/户)	农村居民家庭新建房屋价值/(元/平方米)	新建房屋面积/(平方米/户)	年底完工D级危房户数/户	D级危房每户造价/元	D级危房总造价/万元	C级危房户数/户	改造总户数/户	C级危房每户造价/元	C级危房总造价/万元	危房总产出/万元
东部	北京	3.00	1177.41	54.00	770	50460.43	4450.61	130	900	18922.66	265.81	4696.60
	天津	3.25	1232.56	58.50	1696	72104.65	12228.95	2074	3770	27039.24	5607.94	17836.89
	河北	3.40	882.72	60.00	64230	52963.46	340184.27	36862	101092	19861.30	73212.71	413396.98
	上海	2.69	1917.61	60.00	—	—	—	901	901	43146.18	3887.47	3887.47
	江苏	2.98	1212.96	60.00	—	—	—	15000	15000	27291.53	40937.29	40937.29
	浙江	3.00	1291.03	60.00	—	—	—	20000	20000	29048.17	58096.35	58096.35
	福建	3.21	915.28	80.00	33353	73222.59	244219.31	1247	34600	27458.47	3424.07	247643.38
	山东	3.11	754.15	55.98	35375	42217.48	149344.32	13977	49352	15831.55	22127.76	171472.08
	广东	3.69	1256.15	60.00	89841	75368.77	677120.57	9074	98915	28263.29	25646.11	702766.68
	海南	3.96	1328.24	71.28	24893	94676.89	235679.18	12411	37304	35503.83	44063.81	279742.99
中部	山西	3.20	972.43	57.60	112622	56011.69	630814.90	45178	157800	21004.39	94893.61	725708.52
	安徽	3.00	953.16	48.00	60432	45751.50	276485.43	39568	100000	17156.81	67886.07	344371.50
	江西	4.05	840.86	72.90	104564	61298.97	640966.55	23236	127800	22987.11	53412.86	694379.41
	河南	3.48	664.78	60.00	57000	39887.04	227356.15	93000	150000	14957.64	139106.06	366462.21
	湖北	2.89	999.34	60.00	51405	59960.13	308225.06	60385	111790	22485.05	135775.97	444001.04
	湖南	2.89	871.43	60.00	110796	52285.71	579304.80	126492	237288	19607.14	248014.67	827319.47

续表

地区	省份	平均每户常住人口/(人/户)	农村居民家庭新建房屋价值/(元/平方米)	新建房屋/平面积/(平方米/户)	年底完工D级危房户数/户	D级危房每户造价/元	D级危房总造价/万元	C级危房户数/户	改造总户数/户	C级危房每户造价/元	C级危房总造价/万元	危房总产出/万元
西部	内蒙古	3.02	829.24	60.00	235092	49754.15	1169680.33	76108	311200	18657.81	142000.84	1311681.17
	广西	3.57	830.56	64.26	130369	53372.09	695806.64	—	130369	20014.53	0.00	695806.64
	重庆	3.03	1060.80	54.00	57770	57283.06	330924.22	7773	65543	21481.15	16697.29	347621.51
	四川	3.10	943.52	60.00	62524	56611.30	353956.47	164002	226526	21229.24	348163.71	702120.18
	贵州	3.53	820.27	63.54	107999	52119.69	562887.42	192001	300000	19544.88	375263.71	938151.12
	云南	4.28	921.93	77.04	280560	71025.25	1992684.39	120240	400800	26634.47	320252.85	2312937.24
	西藏	4.11	1078.74	60.00	20100	64724.25	130095.75	—	20100	24271.59	0.00	130095.75
	陕西	3.33	886.05	60.00	5400	53162.79	28707.91	5400	10800	19936.05	10765.47	39473.37
	甘肃	4.50	851.83	60.00	140000	51109.63	715534.88	—	140000	19166.11	0.00	715534.88
	青海	4.03	957.14	60.00	65000	57428.57	373285.71	—	65000	21535.71	0.00	373285.71
	宁夏	4.50	885.38	40.00	12963	35415.28	45908.83	—	12963	13280.73	0.00	45908.83
	新疆	4.11	763.79	60.00	—	45827.24	0.00	—	—	17185.22	0.00	0.00
东北	辽宁	2.80	966.45	40.00	8026	38657.81	31026.76	14762	22788	14496.68	21400.00	52426.75
	吉林	3.07	771.43	60.00	45316	46285.71	209748.34	—	45316	17357.14	0.00	209748.34
	黑龙江	3.10	838.87	60.00	58255	50332.23	293210.38	65745	124000	18874.58	124090.96	417301.34

注："—"表示没有D级危房。2016年农村危房改造没有新疆。C级危房全国平均补贴7500元/户，D级危房全国平均补贴2000元/户，C级危房造价按补贴比例计算3：8，为D/8*3。

附表 4　四地区 19 个行业的固定资本折旧率

地区	行业									
	农、林、牧、渔业	采矿业	制造业	电力、热力、燃气、水的生产和供应业	建筑业	交通运输、仓储和邮政业	信息传输、计算机服务和软件业	批发和零售业	住宿和餐饮业	金融业
东北	0.9596	0.9561	0.9753	0.9831	0.9510	0.9859	0.9760	0.9769	0.9847	0.6000
东部	0.9469	0.9548	0.9730	0.9571	0.8742	0.9795	0.8995	0.9283	0.9782	0.9321
西部	0.9608	0.9613	0.9668	0.9706	0.9404	0.9817	0.9196	0.9518	0.9726	0.9179
中部	0.9797	0.9663	0.9704	0.9764	0.9426	0.9872	0.8706	0.9591	0.9431	0.8377

地区	行业								
	房地产业	租赁和商务服务业	科学研究和技术服务	水利、环境和公共设施管理业	居民服务和其他服务业	教育	卫生、社会保障和社会福利业	文化、体育和娱乐业	公共管理和社会组织
东北	0.9901	0.9086	0.9719	0.9989	0.9647	0.9135	0.9734	0.9810	0.9427
东部	0.9878	0.9780	0.9201	0.9980	0.9321	0.9475	0.9556	0.9885	0.9397
西部	0.9896	0.9301	0.9205	0.9984	0.9749	0.9635	0.9665	0.9701	0.9663
中部	0.9859	0.9581	0.9591	0.9971	0.9274	0.9704	0.9792	0.9699	0.9342

附表 5　四地区各行业资本存量　　　　单位：万亿元

地区	行业	年份									
		2008	2009	2010	2011	2012	2013	2014	2015	2016	2017
东北	采矿业	0.65	0.75	0.87	0.96	1.07	1.17	1.26	1.32	1.34	1.36
	电力、热力、燃气及水的生产和供应业	1.92	2.02	2.15	2.24	2.35	2.46	2.56	2.63	2.69	2.77
	房地产业、租赁和商务服务业	4.85	5.26	5.81	6.48	7.25	8.11	8.83	9.33	9.68	10.01

续表

地区	行业	年　份									
		2008	**2009**	**2010**	**2011**	**2012**	**2013**	**2014**	**2015**	**2016**	**2017**
东北	服务业——其他	4.25	4.60	5.03	5.44	6.03	6.75	7.49	8.21	8.70	9.17
	建筑业——其他	0.19	0.21	0.23	0.26	0.31	0.36	0.39	0.41	0.43	0.44
	交通运输、仓储和邮政业	1.47	1.62	1.82	1.97	2.12	2.32	2.57	2.81	3.03	3.24
	金融业	0.01	0.01	0.01	0.01	0.02	0.03	0.03	0.03	0.03	0.03
	农、林、牧、渔业	0.36	0.44	0.52	0.63	0.75	0.88	1.03	1.17	1.32	1.48
	制造业	5.23	5.89	6.75	7.55	8.60	9.80	10.96	12.01	12.66	13.18
东部	采矿业	1.38	1.47	1.55	1.63	1.72	1.83	1.94	2.04	2.09	2.12
	电力、热力、燃气及水的生产和供应业	3.84	4.15	4.44	4.65	4.93	5.25	5.65	6.18	6.84	7.51
	房地产业、租赁和商务服务业	36.05	37.96	40.50	43.50	47.33	51.57	56.37	61.49	67.11	72.60
	服务业——其他	19.63	20.98	22.53	24.01	25.89	28.09	30.73	34.05	37.78	41.60
	建筑业——其他	0.34	0.36	0.38	0.41	0.44	0.46	0.52	0.60	0.66	0.69
	交通运输、仓储和邮政业	9.05	9.70	10.43	11.06	11.87	12.77	13.77	15.02	16.34	17.78
	金融业	0.33	0.32	0.32	0.32	0.34	0.37	0.40	0.43	0.46	0.47
	农、林、牧、渔业	1.05	1.16	1.29	1.43	1.63	1.86	2.12	2.48	2.89	3.27
	制造业	31.13	33.48	36.29	39.28	42.93	47.13	52.01	57.71	63.85	69.61

续表

地区	行业	年　份									
		2008	2009	2010	2011	2012	2013	2014	2015	2016	2017
西部	采矿业	0.97	1.19	1.45	1.69	1.98	2.33	2.68	2.96	3.14	3.30
	电力、热力、燃气及水的生产和供应业	2.10	2.52	2.99	3.43	3.96	4.55	5.24	6.02	6.76	7.28
	房地产业、租赁和商务服务业	9.05	10.02	11.21	12.68	14.66	16.97	19.60	22.39	25.47	28.28
	服务业——其他	6.47	7.37	8.40	9.38	10.73	12.26	14.20	16.54	19.43	22.59
	建筑业——其他	0.37	0.41	0.47	0.54	0.61	0.68	0.75	0.87	0.96	0.97
	交通运输、仓储和邮政业	2.69	3.18	3.79	4.38	5.08	5.84	6.86	7.97	9.34	10.92
	金融业	0.11	0.11	0.11	0.11	0.12	0.13	0.13	0.14	0.14	0.14
	农、林、牧、渔业	0.87	1.05	1.25	1.41	1.64	1.89	2.22	2.64	3.17	3.75
	制造业	6.38	7.31	8.40	9.69	11.40	13.23	15.23	17.21	19.32	21.37
中部	采矿业	1.09	1.29	1.55	1.82	2.11	2.40	2.66	2.91	3.09	3.19
	电力、热力、燃气及水的生产和供应业	2.82	3.01	3.18	3.31	3.46	3.66	3.89	4.25	4.72	5.15
	房地产业、租赁和商务服务业	7.92	8.70	9.68	10.85	12.50	14.40	16.58	18.92	21.50	23.91
	服务业——其他	4.52	5.34	6.31	7.22	8.35	9.71	11.46	13.72	16.45	19.36
	建筑业——其他	0.39	0.39	0.41	0.43	0.48	0.50	0.52	0.56	0.60	0.64

地区	行业	年　份									
		2008	**2009**	**2010**	**2011**	**2012**	**2013**	**2014**	**2015**	**2016**	**2017**
中部	交通运输、仓储和邮政业	4.79	5.10	5.48	5.84	6.24	6.68	7.18	7.83	8.56	9.26
	金融业	0.03	0.03	0.04	0.04	0.05	0.06	0.07	0.08	0.08	0.09
	农、林、牧、渔业	1.50	1.65	1.82	1.98	2.20	2.47	2.83	3.34	3.98	4.55
	制造业	5.70	6.99	8.62	10.41	12.79	15.53	18.63	22.08	25.66	29.02

附表 6　30 个地区 19 个行业固定资本折旧率计算的 MATLAB 程序

```
for i=1:30
filename=['F:/zhejiu/xishu',num2str(i),'. xlsx']
num=xlsread(filename)
data{i}=num
end
phi=[];
for i=1:30
a=data{i}(:,1);
b=data{i}(:,2);
c=data{i}(:,3);
d=data{i}(:,4);
e=data{i}(:,5);
f=data{i}(:,6);
x0=[0,0,0,0,0,0,0,0,0,0,0,0,0,0,0,0,0,0,0]
func=@(x)[a. * x.^6+b. * x.^5+c. * x.^4+d. * x.^3+e. * x.^2+f. * x+g];
[x,fval]=fsolve(func,x0)
phi=[phi x]
end
xlswrite('C:\Desktop\phi. xls',phi)
```

附表 7　GME 方法估计的要素替代弹性的 SAS 宏程序

```
%macro import(number);
 %do i=1 %to &number;
 proc import datafile="C:\Documents and Settings\Administrator\桌面\hy\hy&i"
 out=hy&i DBMS=excel2002
 replace;
 getnames=yes;
 run;
 data hy&i;
 set hy&i;
  L=log(L * 10000);
  K=log(K/10000);
  Y=log(Y/10000);
  KL=(log(K/(L * 100000000))) * * 2;
 run;
 proc ENTROPY data=hy&i GMED;
 model Y=K L KL;
 restrict K+L=1;
 restrict K>0;
 restrict L>0;
 ods output ParameterEstimates=est&i;
 proc transpose data=est&i
 out=beta&i;
 data beta&i;
 set beta&i;
 rho=-2 * COL3/(COL1 * COL2);
 run;
 proc Export data=est&i
 outfile="C:\Documents and Settings\Administrator\桌面\hy\rho\rho&i. xls"
 Dbms=excel2000 replace;
 sheet="sheet1";
 run;
```

proc Export data＝beta&i

outfile ＝ " C：\ Documents and Settings \ Administrator \ 桌 面 \ hy \ outputrho \ beta&i. xls"

Dbms＝excel2000 replace；

sheet＝"sheet1"；

参 考 文 献

曹小琳，向小玉，2015. 农村危房改造的影响因素分析及对策建议 [J]. 重庆大学学报（社会科学版），21 (5)：57 – 64.

陈丽华，2017. 中国民生思想的发展脉络 [J]. 人民论坛（7）：70 – 71.

陈荣虎，2011. 基于经济增长意义的社会核算矩阵更新模型 [J]. 统计与决策（9）：156 – 158.

仇保兴，2009. 住房和城乡建设部仇保兴副部长在 2009 年农村危房改造试点工作会上的讲话 [J]. 小城镇建设（8）：10 – 15.

董栋，仇蕾，2014. 基于社会核算矩阵的产业部门经济影响力乘数研究 [J]. 统计与决策（22）：122 – 125.

杜治仙，杜金柱，2018. "自筹为主，补贴为辅"的农房危改经济社会效应的 SAM 分析 [J]. 经济研究参考（68）：37 – 48.

范金，万兴，2007. 投入产出表和社会核算矩阵更新研究评述 [J]. 数量经济技术经济研究（05）：151 – 160.

范晓静，张欣，2010. 基于社会核算矩阵乘数的中国产业、居民相对收入分析 [J]. 统计研究，27 (6)：63 – 70.

高宜程，2012. 我国农村危房改造工作的基本政策和主要做法 [J]. 小城镇建设（12）：81 – 83，97.

高宜程，2013. 农村危房改造取得的成效、存在问题及工作建议 [J]. 小城镇建设（1）：92 – 98.

何帮强，洪兴建，2016. 基尼系数计算与分解方法研究综述 [J]. 统计与决策（14）：13 – 17.

何志强，刘兰娟，2018. GRAS 方法的改进及对比研究：基于社会核算矩阵调平和投入产出表更新 [J]. 数量经济技术研究，35 (11)：142 – 161.

黄常锋，2013. 交叉熵方法理论上的缺陷及其改进研究：基于社会核算矩阵平衡和更新的分析［J］．数量经济技术经济研究，30（3）：151－161．

魁奈，2017．魁奈《经济表》及著作选［M］．晏智杰，译．北京：华夏出版社．

里昂惕夫，1993.1919—1939 年美国经济结构［M］．王炎庠，邹艺湘，等译．北京：商务
　　印书馆．

刘卫东，唐志鹏，陈杰，等，2015.2010 年中国 30 个省区市区域间投入产出表［M］．北
　　京：中国统计出版社．

刘卫东，唐志鹏，韩梦瑶，2018.2012 年中国 31 个省区市区域间投入产出表［M］．北京：
　　中国统计出版社．

刘晓华，李少文，1994．基于 C－D 函数的变系数动态投入产出模型［J］．烟台师范学院
　　学报（自然科学版），10（2）：96－99．

刘英，2013．《1861～1863 年经济学手稿》研究［M］．北京：中央编译出版社．

陆嘉，2006．我国经济发达地区城市化进程中农村居民点改造的策略研究［D］．上海：同
　　济大学．

罗守贵，高汝熹，2005．改革开放以来中国经济发展及居民收入区域差异变动研究：三种
　　区域基尼系数的实证及对比［J］．管理世界（11）：45－49．

马克卫，2012．中国社会核算矩阵编制与模型研究［D］．太原：山西财经大学．

牛犁，2015．“十三五”时期我国经济增长潜力分析［M］//杜平．中国与世界经济发展报
　　告（2016）．北京：社会科学文献出版社．

裴慧敏，2015．农村危房改造工程调研［J］．宏观经济管理（1）：53－55．

配第，1963．赋税论献给英明人士货币略论［M］．陈冬野，等译．北京：商务印书馆．

配第，1978．政治算术［M］．陈冬野，译．北京：商务印书馆．

谭培文，2008．马克思主义与马克思主义民生思想中国化［J］．衡阳师范学院学报（1）：
　　24－29．

涂涛涛，马强，2012．社会核算矩阵平衡方法研究：最小二乘交叉熵法［J］．数量经济技
　　术经济，29（7）：134－147．

瓦尔拉斯，1989．纯粹经济学要义［M］．蔡受百，译．北京：商务印书馆．

万国威，张潇，2017．孙中山民生福祉理念的历史演进与当代借鉴［J］．社会工作与管
　　理，17（3）：67－73．

万兴，范金，胡汉辉，2009．从社会核算矩阵的更新透视中国经济结构的变化［C］//彭

志龙，刘起运，佟仁城．2007 中国投入产出理论与实践．北京：中国统计出版社．

万兴，范金，胡汉辉，2010．社会核算矩阵不同更新方法的比较研究［J］．统计研究
　　（2）：77-82．

王其文，李善同，2008．社会核算矩阵原理：方法和应用［M］．北京：清华大学出版社．

王韬，马成，林聪，2012．SAM 平衡的 SG-RAS 与 SG-CE 方法［J］．统计研究，29
　　（12）：88-95．

吴福象，朱蕾，2014．可计算一般均衡理论模型的演化脉络与应用前景展望：一个文献综
　　述［J］．审计与经济研究，29（2）：95-103．

向小玉，2014．我国农村危房改造中的影响因素研究［D］．重庆：重庆大学．

杨志云，陈再齐，2018．要素生产率、资本深化与经济增长：基于 1979—2016 年中国经济
　　的增长核算［J］．广东社会科学（5）：41-51．

翟凡，李善同，王直，1996．关税减让、国内税替代及其收入分配效应［J］．经济研究
　　（12）：41-50．

张剑，隋艳晖，2016．农村危房改造扶贫的问题与对策研究：基于山东、河南的督导调研
　　［J］．经济问题（10）：73-76．

张剑，隋艳晖，李元勋，2017．危房改造与农村可持续规划的融合策略：基于收入结构的
　　调查分析［J］．经济问题（6）：64-69．

张敏，杨非，2009．胡锦涛民生思想探析［J］．湖南文理学院学报（社会科学版），34
　　（3）：42-44，56．

张晓芳，石柱鲜，2011．中国经济的收入分配和再分配结构分析：基于社会核算矩阵的视
　　角［J］．数量经济技术经济研究，28（2）：78-88．

章卫良，2012．从"经济刺激"到"社会救助"：关于农村危房改造政策的分析与建议［J］．
　　中共浙江省委党校学报，28（3）：124-128．

郑思齐，刘洪玉，2003．房地产业界定和核算中的若干问题［J］．统计研究（1）：43-47．

郑泽萍，胡梓淳，陈榕泽，2019．精准扶贫视域下的农村危房改造研究：以肇庆市高要区
　　活道镇为例［J］．农村经济与科技，303（14）：180-181．

中国经济的社会核算矩阵研究小组，1996．中国经济的社会核算矩阵［J］．数量经济技术
　　经济研究（1）：42-48．

朱明芬，2011．农村困难家庭危房改造政策的绩效评价：以浙江杭州为例［J］．甘肃行政

学院学报（2）：92 - 100，118.

朱艳鑫，薛俊波，王铮，2009. 我国分区域社会核算矩阵的乘数分析 ［J］. 管理评论，21（8）：66 - 73.

ABBINK G A，BRABER M C，COHEN S I，1995. A SAM-CGE demonstration model for indonesia：static and dynamic specifications and experiments ［J］. International economic journal，9（3）：15 - 33.

ADELMAN I，BERCK P，VUJOVIC D，1991. using social accounting matrices to account for distortions in non-market economies ［J］. Economic systems research，3（3）：269 - 298.

analysis ［J］. Stockholm：KTH royal institute of technology.

BLANCAS，ANDRÉS，2006. Interinstitutional linkage analysis：a social accounting matrix multiplier approach for the mexican economy ［J］. Economic systems research，18（1）：29 - 59.

BRÖCKER J，1998. Operational spatial computable general equilibrium modeling ［J］. The annals of regional science，32（3）：367 - 387.

BRÖCKER J，KORZHENEVYCH A，2013. Forward looking dynamics in spatial CGE modeling ［J］. Economic modeling，31：389 - 400.

CORDER，MATTHEW，ROBERTS，et al. ，2008. Understanding dwellings investment ［J］. Bank of England quarterly bulletin，48（4）：393 - 403.

CRAPUCHETTES J，ROBISON H，JAMES D，2016. EMSI multi-regional social accounting matrix（mr-sam）modeling system.

DEBREU G，SCARF H，1963. A limit theorem on the core of an economy ［J］. International economic review.

DEFOURNY J，THORBECKE E，1984. Structural path analysis and multiplier decomposition within a social accounting matrix framework ［J］. The economic journal，94（373）：111 - 136.

DERVIS K，De MELO J，ROBINSON S，1981. Ageneral equilibrium analysis of foreign exchange shortages in a developing economy ［J］. The economic journal，91（364）：891 - 906.

DEVARAJAN S，ROBINSON S，2012. The contribution of CGE modeling to policy formulation in developing countries ［A］.

DIDIER L, 2016. Théorie de la dominance économique et flux intra-et inter-territoriaux de connaissances technologiques [J]. Innovations, 0 (2): 43 - 63.

DIXON P B, JORGENSON D, 2013. Handbook of computable general equilibrium modeling [M]. Oxford: Elsevier.

DÍAZ B, MORILLAS A, 2011. Incorporating uncertainty in the coefficients and multipliers of an IO table: a case study: incorporating uncertainty in the coefficients [J]. Papers in regional science, 90 (4): 845 - 861.

FERNÁNDEZ-VÁZQUEZ E, 2010. Recovering matrices of economic flows from incomplete data and a composite prior [J]. Entropy, 12 (3): 516 - 527.

FRICK J R, GRABKA M M, SMEEDING T M, et al., 2010. Distributional effects of imputed rents in five european countries [J]. Journal of housing economics, 19 (3): 167 - 179.

FRISCH R, 1959. A complete scheme for computing all direct and cross demand elasticities in a model with many sectors [J]. Econometrica, 27 (2): 177 - 196.

GAZON J, 1979. Une Nouvelle Methodologie: l' Approche Structurale de l' influence Economique [J]. Economie Appliquee, 32 (2 - 3): 301 - 337.

DEBREU G, 1959. Theory of value an axiomatic analysis of economic equilibrium [M]. New Haven and London: Yale University Press.

GO D S, LOFGREN H, RAMOS F M, et al., 2015. Estimatingparameters and structural change in CGE models using a Bayesian cross-entropy estimation approach [M/OL]. The World Bank [2020 - 12 - 18]. http: //elibrary. worldbank. org/doi/book/10. 1596/1813 - 9450 - 7174.

GOLAN A, JUDGE G, MILLER D, 1996. Maximum entropy econometrics: robust estimation with limited data [M]. New York: John Wiley & Sons.

GOLAN A, JUDGE G, ROBINSON S, 1994. Recovering information from incomplete or partial multisectoral economic data [J]. Review of economics and statistics, 76 (3): 541 - 549.

GOLAN A, VOGEL S J, 2000. Estimation of non-stationary social accounting matrix coefficients with supply-side information [J]. Economic systems research, 12 (4): 447 - 471.

HANSEN W, 2010. Developing a new spatial computable general equilibrium model for Norway [J]. Association for European transport and contributors.

JACKSON R, MURRAY A, 2004. Alternative input-output matrix updating formulations [J]. Economic systems research, 16 (2): 135 – 148.

JAYNES E T, 1957. Information theory and statistical mechanics [J]. Physical review, 106 (4): 620 – 630.

JOHANSEN L, 1960. A Multi-sectoral study of economic growth [M]. Amsterdam: North-Holland.

JUNIUS T, OOSTERHAVEN J, 2003. The Solution of updating or regionalizing a matrix with both positive and negative entries [J]. Economic systems research, 15 (1): 87 – 96.

KEAST S, 2010. A Bi-regional CGE model of the south west housing market [D]. Devon: University of Plymouth.

KIM S R, 2004. Uncertainty, political preferences, and stabilization: stochastic control using dynamic CGE models [J]. Computational economics, 24 (2): 97 – 116.

KMENTA J, 1967. On the estimation of the CES production function [J]. International economic review, 8 (2): 180 – 189.

KUHAR A, GOLEMANOVA A, ERJAVEC E, et al., 2009. Regionalization of the social accounting matrix: methodological review [J].

LAHR M, DE MESNARD L, 2004. Bi-proportional techniques in input-output analysis: table updating and structural analysis [J]. Economic systems research, 16 (2): 115 – 134.

LEMELIN A, 2009. A GRAS variant solving for minimum information loss [J]. Economic systems research, 21 (4): 399 – 408.

LENZEN M, GALLEGO B, WOOD R, 2009. Matrix balancing under conflicting information [J]. Economic systems research, 21 (1): 23 – 44.

LI S T, HE J W, 2005. A three-regional computable general equilibrium (CGE) model for China [C]. Beijing: The 15th International Input-Output Conference.

LLOP M, MANRESA A, 2004. Income distribution in a regional economy: a SAM model [J]. Journal of policy modeling, 26 (6): 689 – 702.

LOFGREN H, HARRIS R L, ROBINSON S, 2002. Astandard computable general equilibrium (CGE) model in GAMS [M]. Washington, D. C.: International food policy research institute.

MATHIAS D, SHERMAN R, 1985. The impact of price rigidities: a computable general e-quilibrium analysis [J]. Berkeley: University of California.

MILLER R E, BLAIR P D, 1985. Input-output analysis: foundations and extensions [M]. New Jersey: Prentice Hall.

PETER GRIST, 2010. Housing and GDP [J]. Journal of housing economics (4): 1 - 9.

PLANTING M, GUO J, 2004. Increasing the timeliness of US annual input-output accounts [J]. Economic systems research, 16 (2): 157 - 167.

PYATT G, 1991. SAMs, the SNA and national accounting capabilities [J]. Review of income and wealth, 37 (2): 177 - 198.

PYATT G, ROUND J I, 1979. Accounting and fixed price multipliers in a social accounting matrix framework [J]. The economic journal, 89 (356): 850 - 873.

PYATT G, ROUNDJ I, 1985. Social accounting matrices: a basis for planning [M]. Washington, D. C. : World Bank.

RAMPA G, 2008. Using weighted least squares to deflate input - output tables [J]. Economic systems research, 20 (3): 259 - 276.

ROBINSON S, CATTANEO A, EL-SAID M, 1998. Estimating a social accounting matrix using cross entropy methods [R]. International Food Policy Research Institute (IFPRI).

ROBINSON S, CATTANEO A, EL-SAID M, 2001. Updating and estimating a social accounting matrix using cross entropy methods [J]. Economic systems research, 13 (1): 47 - 64.

ROBINSON S, TYSON L D, 1985. Foreign trade, resource allocation, and structural adjustment in Yugoslavia: 1976—1980 [J]. Journal of comparative economics, 9 (1): 46 - 70.

RODRIGUES J, 2014. A Bayesian approach to the balancing of statistical economic data [J]. Entropy, 16 (3): 1243 - 1271.

ROLAND-HOLST D W, SANCHO F, 1992. Relative income determination in the united states: a social accounting perspective [J]. The review of income and wealth, (38): 311 - 327.

ROUND J I, 1991. A SAM for Europe: problems and perspectives [J]. Economic systems research, 3 (3): 249 - 268.

SADOULET E, DE JANVRY A, 1995. Input-output tables, social accounting matrices, and multipliers [M] . Baltimore: The Johns Hopkins University Press, 273 - 301.

SASSI M, CARDACI A, 2013. Impact of rainfall pattern on cereal market and food security in Sudan: stochastic approach and CGE model [J] . Food policy, 43: 321 - 331.

SCARF H, 1984. The computation of equilibrium prices, in applied general equilibrium analysis [M] . New York: Cambridge University Press.

SCHNEIDER M H, ZENIOS S A, 1990. A comparative study of algorithms for matrix balancing [J] . Operations research, 38 (3): 439 - 455.

SHANNON C E, 1948. A mathematical theory of communication [J] . Bell system technical journal, 27 (4): 623 - 656.

STONE R A, BROWN A, 1962. A computable model of economic growth [M] . London: Chapman and Hall.

SUNDBERG M, 2010a. Dynamic spatial CGE frameworks-specifications and simulations [J] . Stockholm: KTH Royal Institute of Technology.

SUNDBERG M, 2010b. Economic effects of the Öresund bridge-a spatial computable general equilibrium analysis [M] . Stockholm: KTH Royal Institute of Technology.

SUNDRUM R M, 1990. Income distribution in less development countries [M] . London: Routledge.

TARP F, ROLAND-HOLST D, RAND J, et al. , 2002. Asocial accounting matrix for Vietnam for the year 2000: documentation [J] . Central institute for economic management (CIEM) and Nordic institute of Asian studies (NIAS) .

TAYLOR L, Black S L, 1974. Practical general equilibrium estimation of resource pulls under trade liberalization [J] . Journal of International Economics, 4 (1): 37 - 58.

THAIPRASERT N, 2004. Rethinking the role of the agricultural sector in the Thai economy and its income distribution: a SAM analysis [J] . Forum of international development studies, 27 (1055): 186 - 212.

ZHAI F, HERTEL T, 2005. Impacts of the Doha Development Agenda on China: The role of labor markets and complementary education reforms [R] . World Bank policy research working paper 3702, Washington, D. C. : World Bank.

	农业	采矿业	制造业	电力、热力	建筑业	农村危房改造	运输、仓储、邮政业	其他服务业	农业	（装订处）	运输、仓储、邮政业	其他服务业	劳动	资本	农户	城镇	企业	政府	银行	农村危房改造贷款	中央	省县级	资本账户	国外	合计
农业									12320.56		795.02	3811.62			30772.02	12549.22		607.61					6692.58	1814.16	56247.20
采矿业									5.96	71	57.96	166.98			99.30	63.90							617.57	661.85	1609.60
制造业									19350.16	107	17253.59	62487.65			17492.34	58396.85							85865.54	97172.15	321414.52
电力、热力									892.81	31	1328.04	3567.94			792.31	4176.74							62.75	77.81	8677.54
建筑业									8.00	1	487.62	2987.17											147544.92	773.02	151305.11
农村危房改造									0.12		9.03	61.13											1974.30		2035.43
运输、仓储、邮政业									1084.51	12	8802.90	11024.99			1240.08	5195.08		1973.02					2223.63	5694.63	27351.42
其他服务业									3400.39	48	10306.83	84628.11			17561.95	111651.17		41139.12					24015.58	18833.44	297829.37
农业	114037.89																	2895.66							2895.66
采矿业		53600.66																							0.00
制造业			805837.76																						0.00
电力、热力				53521.60																					0.00
建筑业					156722.13																				0.00
农村危房改造						2150.35																			0.00
运输、仓储、邮政业							61975.69																		0.00
其他服务业								394577.22																	0.00
劳动									77612.88	104	11030.69	98033.68													98033.68
资本									2258.15	90	11163.42	97780.25													97780.25
农户													64369.48	5930.83			6938.56	4158.78	3779.00	1221.00	445.70	307.60		100.12	87251.07
城镇													224381.18	18405.77			21533.17	12906.37	22724.00					310.71	300261.20
企业														180895.06					101945.00						282840.06
政府	344.25	1753.18	3875.33	2.44	25.16		359.76	797.08		6	740.60	30027.70			1396.88	4423.45	22007.86								57855.89
银行															8055.59	50873.41	52258.00	20587.00						519.00	132293.00
农村危房改造贷款																		1221.00							1221.00
中央																		445.70							445.70
省县级																		307.60							307.60
资本账户															9840.60	52931.40	180102.46	26122.40							268996.86
国外	3302.09	10657.04	96056.53	22.19	228.43		3266.22	7236.58						2219.80				344.03	2624.00						5187.83
合计	117684.22	66010.88	905769.61	53546.23	156975.73	2150.35	65601.66	402610.87	116933.54	585	61975.68	394577.22	288750.66	207451.46	87251.07	300261.20	282840.06	111487.27	132293.00	1221.00	445.70	307.60	268996.86	125956.90	

附表 2　2016 年中国四地区社会核算矩阵中四地区间投入产出

	sec1	sec2	sec3	sec4	sec5	sec6	sec7	sec8	sec9	sec10	sec25	sec26	sec27	sec28	sec29	sec30	sec31	sec32	sec33	sec34
sec11	4111.29	6216.46	31.27	947.70	2618.70	3.96	95.92	14.85	477.98	44622.89	12.54	51.22	0.87	26.37	3.29	0.05	45.28	0.00	2.39	364.85
sec12	460.94	5070.47	267.83	1655.67	1571.26	1.94	235.43	360.94	122.91	11694.32	1.05	2.22	0.30	1.87	0.67	0.01	5.76	1.43	0.18	19.63
sec13	34.28	33.88	580.79	1336.35	89.29	0.28	109.20	928.75	2.24	994.73	0.16	0.06	1.19	2.75	0.07	0.00	6.05	5.42	0.01	2.97
sec14	56.20	207.10	457.94	1450.83	757.04	2.37	176.67	434.97	117.91	3188.09	0.25	0.36	0.94	2.98	0.57	0.01	9.79	2.54	0.58	9.53
sec15	792.41	1086.59	29964.80	25189.53	9971.36	—	4189.67	14724.22	3169.99	11260.54	0.28	0.16	10.13	9.93	0.01	0.00	16.33	15.21	0.41	3.76
sec16	0.39	1.77	—	0.40	—	0.76	0.36	0.52	0.27	0.53	0.00	0.00	—	0.08	0.00	0.00	0.07	0.06	0.00	0.02
sec17	452.97	294.91	961.42	2829.94	2182.64	3.88	1557.03	580.95	226.03	9255.50	1.12	0.83	0.99	2.91	1.11	0.02	55.16	2.66	1.39	18.80
sec18	495.51	2062.26	4427.18	3962.25	1343.37	7.90	1650.91	3201.97	121.55	8840.89	2.24	3.56	9.11	8.16	1.02	0.01	91.48	18.81	0.59	26.42
sec19	88.91	3.10	427.33	3785.28	1137.52	5.22	264.64	18.19	3933.93	38203.26	0.53	0.00	1.19	10.53	0.06	0.00	105.83	0.10	60.58	306.11
sec20	2049.64	2230.41	5617.36	13762.14	28240.98	77.23	4025.76	3397.51	2308.70	114585.16	41.89	48.86	59.64	146.11	71.26	0.97	661.89	64.20	105.83	2624.19
sec35	19.18	122.52	0.03	0.91	2.32	0.01	0.39	0.01	0.40	880.94	212.98	368.34	0.21	6.45	19.71	0.13	194.24	0.00	14.85	5162.00
sec36	16.92	54.83	3.29	20.33	17.42	0.05	2.08	4.43	3.74	162.85	82.82	610.87	33.99	210.13	11.86	0.25	582.21	160.74	30.59	990.23
sec37	2.23	1.43	36.02	82.87	6.25	0.02	8.60	57.60	0.09	65.05	52.99	19.71	236.00	285.03	16.23	0.25	48.20	1070.22	4.32	750.27
sec38	3.65	8.77	28.40	89.97	52.95	0.15	13.90	26.97	4.73	208.47	86.86	120.49	186.08	589.53	137.62	2.14	2491.75	501.22	227.23	2404.60
sec39	2.44	1.77	119.23	116.85	34.67	0.10	13.98	58.59	18.40	20.95	81.98	9.56	2899.65	2841.56	326.74	—	7888.33	4369.31	134.95	1061.61
sec40	0.00	0.00	—	0.08	0.01	0.00	0.01	0.02	0.01	0.01	0.05	0.95	—	1.31	—	1.54	0.23	0.33	0.01	1.01
sec41	144.75	90.85	335.42	987.31	997.03	2.74	727.48	202.68	55.45	3879.94	2495.15	722.98	2238.39	6588.69	2220.17	19.68	125957.36	3024.52	2418.57	40879.40
sec42	6.43	14.68	101.91	91.21	19.06	0.05	54.77	73.71	1.62	234.63	152.93	201.68	668.35	598.16	47.89	3.35	10542.65	1379.24	77.71	2706.29
sec43	0.79	0.03	4.99	44.22	6.03	0.02	4.61	0.21	54.61	451.79	4.38	0.00	9.40	83.31	0.75	0.15	667.71	0.81	482.22	2454.53
sec44	136.82	196.78	257.38	630.56	984.02	2.71	649.56	155.67	135.53	5626.47	806.78	549.18	929.09	2276.22	1338.93	16.50	25246.27	1000.19	1679.86	55480.05
sec59	1.68	7.56	0.00	0.13	1.54	0.00	0.09	0.00	0.07	20.66	0.01	0.01	0.00	0.00	0.01	0.00	0.01	0.00	0.00	0.12
sec60	352.67	1561.97	79.61	492.15	329.39	0.91	51.26	107.29	55.88	4770.33	4.54	22.35	2.18	13.45	0.67	0.01	31.01	10.29	1.19	97.88
sec61	4.06	1.74	59.84	137.68	10.47	0.03	13.01	95.69	0.16	128.81	0.45	0.14	3.48	8.00	0.16	0.00	13.23	15.77	0.03	10.40
sec62	6.66	10.65	47.18	149.47	88.74	0.24	21.05	44.81	8.30	412.82	0.74	0.83	2.74	8.68	1.36	0.02	21.40	7.38	1.35	33.34
sec63	3.49	2.45	163.74	160.46	51.46	0.14	18.74	80.46	20.73	26.71	0.23	0.13	8.19	8.03	0.01	0.00	13.31	12.30	0.34	3.06
sec64	0.00	0.00	—	0.31	0.05	0.00	0.02	0.08	0.02	0.03	0.00	0.00	—	0.02	0.00	0.00	0.01	0.01	0.00	0.00
sec65	127.21	75.75	285.54	840.49	834.47	2.30	637.49	172.54	46.42	3117.56	4.11	2.99	3.68	10.83	4.08	0.06	203.95	9.90	5.01	72.88
sec66	5.61	17.65	60.37	54.03	39.73	0.11	44.64	43.66	0.37	144.90	0.62	1.37	3.51	3.14	0.61	0.01	45.39	7.25	0.06	11.70
sec67	0.52	0.02	7.12	63.08	11.99	0.03	2.91	0.30	49.45	432.23	0.06	0.00	0.14	1.20	0.01	0.00	13.10	0.01	7.19	36.37
sec68	122.93	194.91	513.33	1257.62	4603.90	12.67	413.53	310.47	251.04	19536.68	14.46	15.81	32.17	78.82	24.66	0.34	383.56	34.64	55.52	1039.26
sec83	95.71	615.79	0.32	9.58	110.30	0.30	11.94	0.15	3.62	2839.00	15.82	50.92	0.02	0.58	6.37	0.09	31.34	0.00	2.91	315.21
sec84	28.49	229.24	6.92	42.78	66.97	0.18	3.17	9.33	5.29	416.15	8.36	45.58	3.51	21.69	0.65	0.01	43.64	16.59	2.11	164.50
sec85	10.31	3.77	147.13	338.54	27.29	0.08	34.58	235.28	0.44	296.47	0.94	0.25	5.11	11.76	0.28	0.00	27.78	23.17	0.06	13.36
sec86	16.99	23.07	116.01	367.54	231.40	0.64	55.94	110.19	22.89	950.19	1.53	1.50	4.03	12.77	2.33	0.0.	44.94	10.85	2.94	42.83
sec87	18.57	12.93	847.73	830.75	260.46	0.72	100.02	421.96	121.63	140.78	1.12	0.64	40.29	39.49	0.05	0.00	65.20	60.49	1.66	14.97
sec88	0.01	0.00	—	0.57	0.09	0.00	—	—	—	—	0.00	0.00	—	0.03	0.00	0.00	0.02	0.02	0.00	0.01
sec89	39.02	24.36	89.47	263.36	263.44	0.73	196.93	54.06	14.69	989.64	1.10	0.79	0.99	2.92	1.10	0.02	54.50	2.67	1.32	19.62
sec90	10.66	40.84	145.60	130.31	51.38	0.14	77.28	105.31	2.58	446.06	0.96	2.66	5.06	4.53	0.52	0.01	62.08	10.45	0.33	20.11
sec91	1.65	0.05	18.03	159.68	32.34	0.09	10.47	0.77	149.24	1282.83	0.14	—	0.28	2.52	0.01	0.00	29.34	0.03	14.86	75.42
sec92	34.91	50.52	110.18	269.94	702.57	1.93	174.39	66.64	56.26	4791.11	3.48	2.16	4.61	11.29	7.83	0.11	142.49	4.96	10.03	313.86

	sec49	sec50	sec51	sec52	sec53	sec54	sec55	sec56	sec57	sec58	sec73	sec74	sec75	sec76	sec77	sec78	sec79	sec80	sec81	sec82
sec11	46.97	3668.95	1.04	31.47	45.84	0.39	39.87	0.11	4.31	2092.30	132.87	149.20	3.09	93.55	132.13	1.92	16.73	0.23	3.52	945.74
sec12	15.03	1344.74	10.24	63.32	10.34	0.09	82.76	19.65	3.26	346.09	11.88	33.88	10.92	67.53	17.60	0.26	8.97	11.75	2.39	94.54
sec13	0.68	6.31	9.89	22.76	1.20	0.01	27.20	29.07	0.11	33.60	6.62	1.92	52.72	121.31	6.84	0.10	39.32	70.47	0.22	37.15
sec14	1.12	38.58	7.80	24.71	10.16	0.09	44.01	13.62	5.99	107.70	10.85	11.75	41.57	131.70	58.00	0.84	63.62	33.00	11.34	119.07
sec15	4.30	96.17	135.48	132.76	53.59	0.45	759.49	75.64	12.58	63.32	26.77	17.21	541.69	530.84	45.37	0.66	300.64	161.90	7.95	50.49
sec16	0.02	0.39	—	1.09	0.22	0.00	3.08	0.31	0.05	0.26	0.11	0.07	—	4.35	0.18	0.00	1.22	0.66	0.03	0.21
sec17	20.02	117.85	20.60	60.64	18.41	0.16	379.16	21.62	3.26	233.46	108.87	47.16	96.04	282.68	165.83	2.41	291.82	58.77	15.50	355.00
sec18	9.87	384.16	76.91	68.83	18.06	0.15	411.25	92.53	6.18	298.66	95.68	116.98	407.38	364.60	103.16	1.50	594.50	229.75	11.69	330.19
sec19	3.83	5.89	12.13	107.43	7.99	0.07	74.60	0.82	152.79	1190.82	2.42	0.02	13.55	120.00	15.92	0.23	59.32	0.50	170.96	538.28
sec20	126.74	1849.28	487.26	1193.74	550.31	4.65	2767.32	419.30	242.64	7762.53	860.57	519.27	1768.20	4331.97	3037.47	44.05	2420.37	552.37	479.82	8051.73
sec35	5.51	852.68	0.16	4.83	0.13	0.00	7.35	0.02	1.38	543.70	5.31	71.07	0.20	6.01	3.38	0.05	3.43	0.02	0.19	135.87
sec36	0.18	15.20	0.34	2.10	0.47	0.00	1.27	0.65	0.03	3.76	2.12	10.83	3.04	18.81	2.64	0.04	3.20	3.27	0.67	15.85
sec37	0.91	8.76	11.72	26.96	1.09	0.01	28.81	34.43	0.09	29.26	7.73	2.54	67.59	155.51	6.62	0.10	37.84	90.33	0.16	32.93
sec38	1.49	53.52	9.24	29.27	9.21	0.08	46.61	16.13	4.60	93.79	12.67	15.53	53.29	168.83	56.11	0.81	61.22	42.31	8.27	105.55
sec39	2.56	57.17	81.50	79.87	30.22	0.26	455.45	45.50	7.41	37.81	13.36	7.88	272.96	267.49	22.42	0.33	141.78	81.58	3.64	27.05
sec40	0.00	0.02	—	0.06	0.01	0.00	0.16	0.02	0.00	0.01	0.01	0.00	—	0.19	0.01	0.00	0.05	0.03	0.00	0.01
sec41	74.85	473.20	85.11	250.51	73.99	0.63	1537.95	89.32	13.09	1015.14	344.03	148.39	315.36	928.27	536.70	7.78	937.20	192.99	47.68	1229.26
sec42	2.63	89.58	33.82	30.26	3.31	0.03	183.62	40.68	1.57	105.56	22.31	26.00	193.85	173.49	20.19	0.29	241.15	109.33	2.83	118.79
sec43	0.52	1.08	1.96	17.33	1.21	0.01	10.30	0.13	25.60	196.91	0.20	0.00	0.96	8.48	1.22	0.02	4.49	0.04	11.91	37.54
sec44	41.54	662.07	103.22	252.89	106.22	0.90	3261.06	88.83	62.77	1343.34	276.09	86.32	292.96	962.73	876.62	12.71	2437.36	122.76	143.45	1755.66
sec59	3.59	187.91	0.03	0.77	3.26	0.01	1.98	0.00	0.36	78.71	0.17	0.15	0.00	0.06	0.72	0.01	0.03	0.00	0.01	2.13
sec60	1643.56	79211.69	1567.37	2703.52	1242.33	8.27	7590.13	3006.60	562.10	3220.47	141.13	438.21	86.93	537.36	55.53	0.81	82.94	93.48	14.11	615.72
sec61	190.18	1446.33	2301.12	—	130.73	1.63	3819.27	6763.06	12.07	4171.26	13.59	2.93	101.32	233.13	11.35	0.16	63.01	135.42	0.34	65.05
sec62	311.75	8840.39	1814.37	5748.22	1108.41	13.79	6178.73	3167.40	634.50	13368.74	22.27	17.92	79.89	253.10	96.21	1.40	101.94	63.42	17.85	208.48
sec63	848.63	3187.85	6828.98	6692.16	5467.33	—	25394.14	3814.16	706.72	5853.31	17.20	11.82	345.09	338.16	28.74	0.42	198.05	103.13	5.46	31.81
sec64	0.20	3.80	—	10.34	—	7.07	1.53	2.74	0.02	3.31	0.02	0.01	—	0.66	0.03	0.00	0.19	0.10	0.01	0.03
sec65	2685.07	17799.44	6012.31	17697.21	4876.29	33.01	91377.03	6309.97	888.41	31344.23	327.14	143.35	268.59	790.59	464.76	6.74	882.37	164.37	45.97	1063.13
sec66	262.45	14648.67	2368.08	2119.40	493.23	9.37	10795.72	2849.09	28.61	4692.31	18.75	29.69	103.62	92.74	43.08	0.63	216.15	58.44	0.81	73.17
sec67	22.23	6.52	50.48	447.14	62.37	0.59	531.83	3.41	885.30	6356.93	1.54	0.01	5.46	48.37	4.97	0.07	24.31	0.20	66.66	218.27
sec68	2009.67	18211.66	6679.05	16363.20	14801.39	144.52	37983.17	5747.60	4181.68	14902.56	408.54	189.42	932.95	2285.66	2650.46	38.43	1074.86	291.44	483.61	4432.50
sec83	20.14	1163.14	0.30	8.99	12.87	0.11	7.86	0.03	1.54	1052.75	2721.03	7464.87	15.07	456.63	1290.50	3.70	303.98	1.11	252.40	24851.03
sec84	8.43	832.96	7.46	46.15	5.48	0.05	46.09	14.32	2.03	184.98	1169.28	5769.03	773.20	4779.80	659.83	6.27	590.54	831.52	214.77	5546.94
sec85	3.73	22.50	46.51	107.01	5.21	0.04	117.24	136.69	0.51	139.57	1333.10	257.72	6976.89	20611.15	758.88	9.74	3416.80	4176.43	26.49	4310.35
sec86	6.12	137.53	36.67	116.18	44.20	0.37	189.66	64.02	26.59	447.30	2185.23	1575.27	5501.07	17428.30	6434.18	82.61	5527.62	4367.26	1392.78	13814.51
sec87	15.19	337.37	487.91	478.13	171.11	1.45	2743.14	272.41	43.36	220.04	1387.30	694.72	37662.36	36907.82	9479.68	—	32383.71	11202.93	425.83	4318.92
sec88	0.01	0.11	—	0.33	0.06	0.00	0.92	0.09	0.02	0.07	0.69	5.06	—	23.33	—	19.50	3.54	4.91	0.05	9.08
sec89	18.61	116.58	20.71	60.97	18.04	0.15	377.97	21.74	3.25	243.83	3333.37	1188.89	2902.58	8543.72	4179.32	33.95	10559.10	1776.29	532.23	10259.23
sec90	3.84	243.45	46.94	42.01	9.82	0.08	262.02	56.48	3.00	209.98	1370.49	2788.36	6998.46	6263.50	1414.00	34.75	—	3946.93	156.89	6485.16
sec91	3.22	4.57	7.44	65.91	6.11	0.05	63.14	0.50	107.22	759.32	110.18	0.53	295.53	2617.78	315.11	7.06	1044.23	10.97	4592.53	14064.66
sec92	12.67	193.91	71.65	175.54	61.26	0.52	819.86	61.66	46.18	993.24	1758.81	621.25	4991.40	12228.56	9567.37	192.16	7136.65	1559.25	1885.22	32608.35

附表 1　2012 年中国农村危房改造微观社会核算矩阵

	农业	采矿业	制造业	电力、热力	建筑业	农村危房改造	运输、仓储、邮政业	其他服务业	农业	采矿业	制造业	电力、热力	建筑业	农村危房改造	运输、仓储、邮政业	其他服务业	劳动	资本	农户	城镇	企业	政府	银行	农村危房改造贷款	中央	省县级	资本账户	国外	合计
农业									12320.56	25.00	47198.83	5.67	1072.66	19.28	795.02	3811.62			30772.02	12549.22		607.61					6692.58	1814.16	56247.20
采矿业									5.96	7160.03	45382.14	10984.15	802.37	8.67	57.96	166.98			99.30	63.90							617.57	661.85	1609.60
制造业									19350.16	10799.72	436155.67	6384.32	93348.88	1062.76	17253.59	62487.65			17492.34	58396.85							85865.54	97172.15	321414.52
电力、热力									892.81	3130.89	20855.01	16763.87	1861.34	36.72	1328.04	3567.94			792.31	4176.74							62.75	77.81	8677.54
建筑业									8.00	125.40	1103.60	210.62	3689.23	46.15	487.62	2987.17											147544.92	773.02	151305.11
农村危房改造									0.12	2.56	22.56	4.31	76.35		9.03	61.13											1974.30		2035.43
运输、仓储、邮政业									1084.51	1296.53	21969.67	746.83	4287.82	61.99	8802.90	11024.99			1240.08	5195.08		1973.02					2223.63	5694.63	27351.42
其他服务业									3400.39	4807.19	66199.26	4409.50	15465.85	192.48	10306.83	84628.11			17561.95	111651.17		41139.12					24015.58	18833.44	297829.37
农业	114037.89																					2895.66							2895.66
采矿业		53600.66																											0.00
制造业			805837.76																										0.00
电力、热力				53521.60																									0.00
建筑业					156722.13																								0.00
农村危房改造						2150.35																							0.00
运输、仓储、邮政业							61975.69																						0.00
其他服务业								394577.22																					0.00
劳动									77612.88	10438.49	64988.56	4184.64	21869.43	592.29	11030.69	98033.68													98033.68
资本									2258.15	9642.82	69729.80	7620.26	9126.75	130.01	11163.42	97780.25													97780.25
农户																	64369.48	5930.83			6938.56	4158.78	3779.00	1221.00	445.70	307.60		100.12	87251.07
城镇																	224381.18	18405.77			21533.17	12906.37	22724.00					310.71	300261.20
企业																		180895.06					101945.00						282840.06
政府	344.25	1753.18	3875.33	2.44	25.16		359.76	797.08		6172.03	32232.66	2207.43	5121.47		740.60	30027.70			1396.88	4423.45	22007.86								57855.89
银行																			8055.59	50873.41	52258.00	20587.00						519.00	132293.00
农村危房改造贷款																							1221.00						1221.00
中央																						445.70							445.70
省县级																						307.60							307.60
资本账户																			9840.60	52931.40	180102.46	26122.40							268996.86
国外	3302.09	10657.04	96056.53	22.19	228.43		3266.22	7236.58										2219.80				344.03	2624.00						5187.83
合计	117684.22	66010.88	905769.61	53546.23	156975.73	2150.35	65601.66	402610.87	116933.54	53600.66	805837.76	53521.60	156722.13	2150.35	61975.69	394577.22	288750.18	207451.46	87251.07	300261.20	282840.06	111487.27	132293.00	1221.00	445.70	307.60	268996.86	125956.90	